《髹饰录》工艺解读

孙曼亭 编著

海峡出版发行集团
福建人民出版社

图书在版编目（CIP）数据

《髹饰录》工艺解读 / 孙曼亭编著. -- 福州：福建人民出版社, 2020.8

ISBN 978-7-211-08463-0

Ⅰ. ①髹… Ⅱ. ①孙… Ⅲ. ①漆器－生产工艺－中国－明代②《髹饰录》－研究 Ⅳ. ①TS959.3

中国版本图书馆CIP数据核字（2020）第104693号

《髹饰录》工艺解读
XIUSHILU GONGYI JIEDU

作　　者：孙曼亭
责任编辑：余祥草
出版发行：福建人民出版社　　电　　话：0591-87604366（发行部）
地　　址：福州市东水路76号　　邮　　编：350001
网　　址：http://www.fjpph.com　　电子邮箱：fjpph7211@126.com
经　　销：福建新华发行（集团）有限责任公司
印　　刷：福建建本文化产业股份有限公司
地　　址：福州市晋安区东门康山路6号10号楼
开　　本：787毫米×1092毫米　1/16
印　　张：18.5
字　　数：260千字
版　　次：2020年8月第1版　　2020年8月第1次印刷
书　　号：ISBN 978-7-211-08463-0
定　　价：88.00元

序

与孙曼亭女士是以文结缘。2015年，我计划编撰一部《中国现代漆画文献论编》，在文献搜集过程中偶然读到一本《图说福建：福州脱胎漆器与漆画》。此书虽是一本普及性质的读物，但看后能感觉到并非那种东拼西凑、舞文弄墨的产物——一方面，作者所言所写令读者有一种身临其境之感，因此其与福州一地的漆艺必是颇有渊源；另一方面，看得出来作者对于漆艺技法也是了解颇丰。此书的作者正是孙曼亭。辗转与她结识后，孙曼亭自愿参与到文献集的编著当中，不求回报做了许多资料搜集工作，还热心联络采访福州当地的漆画家、漆艺家……可以说，文献集能够顺利出版问世，其中有着她的一份沉甸甸的贡献。

认识孙曼亭的人，总是会被她的真诚直率所打动；而在她这种性格的背后，却有着异于常人的艰辛。孙曼亭的坎坷身世，尤其是年轻时因为家庭成分影响而遭受的绝境般的经历，是没有经过那个时代的人难以想象的。就是在那样的环境下，孙曼亭14岁便进入街道工厂当漆工学徒，并担负起全家的生活重担；后正式进入国营福州市工艺漆器厂，从漆工、创新组长、漆车间主任一直做到技术厂长；1984年，她还获得福州业余大学中文系的毕业证书。这种不惧逆境、自强不息的精神，着实令人感动。她的真诚直率背后，实际上是一种隐忍、坚韧的可贵品质。

这本《〈髹饰录〉工艺解读》的问世，实际上也是来源于孙曼亭的一个真诚直率的想法，即弥补《髹饰录》原文在制作方法、工具原料、使用配方方面的缺失；而能够最终成书，所依赖的则是她坚韧不懈的精神。据孙曼亭自述，她是在2013年接触到王世襄先生的《髹饰录解说》，读到第七遍时有了要做一本“工艺解读”之书的念头。比较这本“工艺解读”和王世襄《髹饰录解说》，不难看出，

两本书有着十分显著的区别：作为一名文化学者，王世襄先生对《髹饰录》的解读源于他对于传统文化的深厚积淀，譬如在解说“罩明”时，他精炼地描述了相关材料工艺，并且举出大量存世文物作为实证来加以说明；同样是“罩明”，孙曼亭则更加侧重于材料配方、工艺流程、操作细节的介绍，并将此与福州“闽漆”工艺相对照。可以说，孙曼亭的解读是站在“手艺人”的角度进行的，在强调“工匠精神”的当下，这一点显得尤为可贵。或者退一步讲，做《髹饰录》的工艺解读，相比文化性来说看似是一种形而下的角度，但却是一次切切实实的“还原真相”——毕竟《髹饰录》在最初就是一本漆艺技法读本。因此而言，孙曼亭所做的，是一项真正具有现实价值的工作。

虽然我曾担任中国美协漆画艺委会主任，并且现在还有着“名誉主任”的头衔，但一直以来我都将自己定位为漆画“票友”，对于传统漆艺更是涉猎甚浅，再有多言就是班门弄斧了。最后，衷心祝贺孙曼亭女士的《〈髹饰录〉工艺解读》一书的付梓，相信此书能够对我们今天的漆艺、漆画创作会有所裨益。

是为序。

冯健亲

2019 年 10 月 7 日

（作者系南京艺术学院原院长、教授、博导，中国美协漆画艺委会名誉主任。）

前　言

《髹饰录》是我国现存唯一的一部古代漆艺专著，但在国内已经失传，几百年来仅发现一部抄本保存在日本。1927年，朱启钤先生从日本美术史家大村西崖处获得蒹葭堂藏《髹饰录》抄本并刊刻行世。

“髹饰”一词最早见于《周礼》。古代用漆漆物曰“髹”，“饰”有文饰之意，“髹饰”即用漆髹饰的技艺。而《髹饰录》是“关于漆工及漆器髹饰的记录”。

《髹饰录》作者黄成，号大成，安徽新安平沙人，是明隆庆（1567—1572）前后的一位名漆工。他的这部著作总结了前人和自己的髹漆经验，比较全面地叙述了有关髹漆的工艺。明天启五年（1625），嘉兴西塘的杨明（号清仲）为《髹饰录》逐条加注，并撰写了序言。西塘又名斜塘，是元代雕漆的制作中心，也是元、明两朝制漆名家彭君宝、张成、杨茂、张德刚的家乡。杨明可能是杨茂的后裔，也是精通漆艺技法的漆工。《髹饰录》经过杨明的补充和注释，内容就更加详实了。

丁卯朱氏刻本《髹饰录》书封

《髹饰录》全书分乾、坤两集，计18章186条，其第一章、第二章、第十七章、

王世襄《髹饰录解说》（1958年油印版）

第十八章讲制造方法，第三章至第十六章讲漆器的分类及各类中的不同品种。书中在叙述品种时偶有涉及它们的做法，但较为简略。

我和《髹饰录》的结缘始于王世襄先生的《髹饰录解说》一书。2013年，我买到王世襄先生的《髹饰录解说》。初读时，虽有王先生的解说，但要一口气读下去，还是有点困难。但读到第三遍的时候，我便惊叹、折服！惊叹的是福州脱胎漆器传统髹饰技法大多都源于《髹饰录》里的技法，连一些行业俚语也相同；惊叹的是口口相授、手手相传几千年的漆艺传承竟然古今南北相通，天地造物竟有如此的生命力。折服的是王世襄先生对《髹饰录》一书，三十年殚心竭虑、锲而不舍、持之以恒、始克有成的精神境界。这其中的不易，这其中的甘苦，只有他自己知道，不由让人生出敬意。

读到第七遍的时候，我始能感受到《髹饰录》不足的地方，那就是作者认为这是给漆工们写的书，所以漆工们熟悉的制作方法、工具、原料使用配方等，书中都没有详细的记载。黄成惜墨如金，而杨明也吝于篇幅，他的补充、注释中，有的条目还简短艰涩，无法满足今人想具体了解几百年前的漆工艺的愿望。简略之理由，杨明在第十八章注中有所说明，他说："故此书总论成饰，而不载造法，所以温故而知新。"杨明的意思是说：黄成编《髹饰录》一书意在着重论述漆器的髹饰技法，不在于漆器髹饰技法具体制作工艺的工序和漆料的配方；其目的在于让后世的漆工知道传统的漆艺髹饰技法，并以此为参考，在旧法的基础上有所创新。

鉴此，我萌生了对《髹饰录》里记载的髹饰工艺技法进行解读的想法。我与漆艺相随五十四载，对于漆艺我只有感恩之心，它一直是我的衣食父母。1966 年，我 14 岁到福州鼓西街道脱胎漆器加工场（后改为红湖脱胎漆器加工场）学漆艺，这个加工场在福州西湖边一条叫“后曹”的小巷里。我的师傅林兴植当时已 57 岁，他是以前福州很有名的“林钦安”漆器店的老板。“林钦安”漆器店的创始人林鸿标是我师傅的父亲。林鸿标 45 岁早逝，师傅林兴植很早就接手“林钦安”店的经营。

1967 年闹“文革”，福州各漆器厂传统的漆器产品都停产了，我所在的加工场也只能给国营福州市工艺漆器厂加工“破旧立新”的漆器骨灰盒。因为是做骨灰盒，许多人不干了，可我跟师傅家里的生活全靠做漆工来维持。师傅的技术是名不虚传的，他把漆器骨灰盒分成高、中、低三个档次，将福州脱胎漆器传统髹饰技法，如“厚料硬漆”“彩绘”“赤宝砂”“台花”“印锦”“变图”等十八般武艺一一用在上面，把悲伤的器物当成永恒的艺术品来做。如今，我也到了师傅当年的年龄，我终于理解师傅了——漆艺不但是师傅的衣食父母，也是师傅的精神依托。当时，被当成“封资修”的漆器停产了，

民国“林钦安”商号

民国“林钦安”商号

但“破旧立新”的漆器骨灰盒又使它复活了，我惊叹于漆艺生命力的同时，也学会了敬畏生命。我用心跟着师傅把各种传统的福州脱胎漆器髹饰技法一一髹饰在漆器骨灰盒上。现在回想起来，当年，倘若我不做漆器骨灰盒，改行做其他的工作，今日便与此书无缘了。漆艺作为我的衣食父母，此恩也无从报答了。

1972年，我离开师傅，正式成为国营福州市工艺漆器厂漆工。我从漆工、创新组长、漆车间主任，一直做到技术厂长。五十多年来，漆艺以其自身独具的魅力令我着迷，虽长路漫漫我却流连不已。1984年，我获得福州业余大学中文系的毕业证书，读书过程极其艰难，但却惠泽一生。罄尽一生时光的努力，我也许就是在等待这本《髹饰录》吧！

在中国煌煌数千年的漆艺史上，清代的福州脱胎漆器与战国秦汉时期南方地区的彩绘漆器、唐代的金银平脱、元代的雕漆一样，留下了浓墨重彩的一笔，成就了漆艺史上的华彩篇章。福州脱胎漆器从制胎到漆器表体的髹饰，从漆色到漆器品相，都已经形成一个完整的工艺体系，有了自己独特的审美风格。福州脱胎漆器传统髹饰技法大多可在《髹饰录》里找到它的渊源关系。我如果用通俗易懂的语言结合自己五十多年的髹漆经验和心得体会将《髹饰录》里的工艺解读出来，并在相应的条目技法后面附上福州脱胎漆器髹饰技法的制作工艺工序和材料的使用配制，岂不是从中就可以看出数千年来中国漆艺技法的传承和发展的脉络，同时也让更多的人受到《髹饰录》的惠泽——这应该就是《髹饰录》赋予我的使命。

2018年春节，我在朋友处觅到王世襄先生1958年自费油印的《髹饰录解说》一书：线装一厚册，瓷青纸书封面，宣纸木刻水印题签。那一刻，我很激动，仿佛看见王世襄先生殷殷的眼神，时不我待，我动笔开始了《〈髹饰录〉工艺解读》一书的写作。

我以王世襄先生《髹饰录解说》所据的丁卯朱氏刻本为底本，逐条、逐句、逐词地校对，注释，解读。为了能正确理解书中的一词一句，甚至一个标点，除了仔细研读这几年预备的各种参考资料外，王先生的《髹饰录解说》更是看了十几遍，书页翻破了，就用胶纸来加固。王先生的《髹饰录解说》一书对我有莫大的帮助，是我编写本书的重要参考书。

编写中，有时感到力不从心、极度疲惫的时候，我就翻看王世襄先生《髹饰录解说》的前言、朱启钤先生的序和弁言。在他们的文字中，我能感受到学术之外的情怀，每每为之一叹，前人如此情怀，我不可及一呀！

中国漆艺博大精深，福州脱胎漆器髹饰技法只是其中的一朵奇葩，这也是我的局限性，我穷其一生大概也只能取漆艺大海之一勺，所以，《〈髹饰录〉工艺解读》一书还是会有遗憾和不足之处，请大家不吝赐教。

孙曼亭于福州慢漆坊

2019年12月20日

［**注释**］

①《髹饰录》问世以后，由于我国古代长期重道轻艺，这本书一直乏人研究，早已失传，只有一部抄本流传到日本，被日本18世纪书画收藏家木村孔恭收藏。木村孔恭的藏书室名“蒹葭堂”，故世称这部抄本为“蒹葭堂抄本”。

②民国初年，古建筑家、工艺美术家、中国营造学社社长朱启钤（1872-1964）在日本美术史家大村西崖《支那美术史》中得见《髹饰录》介绍，遂致函大村西崖，索到“蒹葭堂抄本”的复抄本，并撰序言，于1927年刻板复印200本，1927年为丁卯年，故世称为“丁卯朱氏刻本”。

③王世襄先生于1958年完成《髹饰录解说》初稿，朱启钤先生撰序，并题写书名。他把《髹饰录解说》送到一家誊印社，自费刻印两百册，署名“王畅安”，是非正式出版的油印本。

④《福州世家》这样介绍林钦安漆器店：“近现代福州有沈绍安这一闻名世

界的脱胎漆器工艺世家。然而在近现代福州还有一个堪与沈氏家族相颉颃的林氏漆艺世家。这一世家是控鹤林的后代……清末民初，在总督后（省府路）有‘沈绍安’的店坊（前店后坊），还有一家脱胎漆艺店叫‘林钦安’，就是控鹤林的后代所主持。控鹤林在盘屿的一支，传至‘邦’字辈，涌现了几位出色的漆艺大师：林鸿标、林鸿蕃、林鸿增。他们是堂兄弟，都是林延皓的卅二世孙。他们的手艺好，工艺上均有创新。”

说　明

一、本书所据的《髹饰录》是经王世襄先生数十年整理后正式出版的版本，详见2013年生活·读书·新知三联书店出版的《王世襄集·髹饰录解说》。

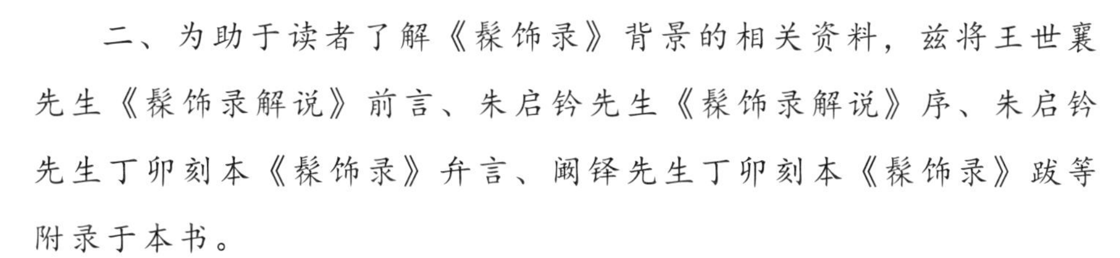

二、为助于读者了解《髹饰录》背景的相关资料，兹将王世襄先生《髹饰录解说》前言、朱启钤先生《髹饰录解说》序、朱启钤先生丁卯刻本《髹饰录》弁言、阚铎先生丁卯刻本《髹饰录》跋等附录于本书。

三、本书对《髹饰录》的工艺解读，大多源于笔者五十余载从事福州脱胎漆艺的实践经验，部分参考相关著述。

杨明《髹饰录》原序

漆之为用也，始于书竹简。而舜作食器，黑漆之。禹作祭器，黑漆其外，朱画其内，于此有其贡①。周制于车，漆饰愈多焉②。于弓之六材，亦不可阙③，皆取其坚牢于质，取其光彩于文也④。后王作祭器，尚之以着色涂金之文，雕镂玉珧之饰，所以增敬盛礼，而非如其漆城、其漆头也⑤。然复用诸乐器⑥，或用诸燕器⑦，或用诸兵仗⑧，或用诸文具⑨，或用诸宫室⑩，或用诸寿器⑪，皆取其坚牢于质，取其光彩于文。呜呼，漆之为用也其大哉！又液叶共疗痾⑫，其益不少。唯漆身为癞状者⑬，其毒耳。盖古无漆工，令百工各随其用，使之治漆，固有益于器而盛于世⑭。别有漆工，汉代其时也⑮。后汉申屠蟠，假其名也⑯。然而今之工法，以唐为古格，以宋元为通法。又出国朝厂工之始⑰，制者殊多，是为新式。于此千文万华，纷然不可胜识矣。新安黄平沙称一时名匠⑱，复精明古今之髹法，曾著《髹饰录》二卷，而文质不适者，阴阳失位者，各色不应者，都不载焉，足以为法。今每条赘一言，传诸后进，为工巧之一助云。

天启乙丑⑲春三月西塘杨明⑳撰

［**注释**］

①于此有其贡：把物品进献给皇帝。贡，贡品。

②周制于车，漆饰愈多焉：周代制作车辆，用漆来髹饰的就更多了。

③于弓之六材，亦不可阙：制作弓的六种材料有干、角、筋、胶、丝、漆，可见漆是不可缺少的材料。阙，缺少。

④皆取其坚牢于质，取其光彩于文也：用漆涂刷弓，可使弓质地坚固耐用；

用漆髹饰弓，可使其外形更为光彩。

⑤后王作祭器，尚之以着色涂金之文，雕镂玉珧之饰，所以增敬盛礼，而非如其漆城、其漆头也：后王，指夏商周之后的国君。战国之后，文人习惯称夏商周及之前的国君为先王，之后的国君称后王。尚，崇尚。着色涂金之文，用彩绘、贴金的技法来装饰的纹样。雕镂玉珧之饰，即“蚌螺镶嵌”技法。增敬盛礼，这些用漆艺装饰的祭器使礼乐仪式更为恭敬盛大。漆城，出自《史记·滑稽列传》：“（秦）二世立，又欲漆其城。优旃曰：‘善。主上虽无言，臣固将请之。漆城虽于百姓愁费，然佳哉！漆城荡荡，寇来不能上。即欲就之，易为漆耳，顾难为荫室。’于是二世笑之，以其故止。”漆头，《史记·刺客列传》：“豫让者，晋人也……事智伯，智伯甚尊宠之。及智伯伐赵襄子，赵襄子与韩、魏合谋灭智伯，灭智伯之后而三分其地。赵襄子最怨智伯，漆其头以为饮器。”

⑥然复用诸乐器：后来又将漆运用于各种乐器上的装饰。

⑦燕器：这里指在古代祭祀祖宗神灵时所使用的食器。

⑧或用诸兵仗：有的运用于各种兵器。

⑨或用诸文具：有的运用于各种文具的装饰。

⑩或用诸宫室：有的运用于皇宫建筑物的装饰。

⑪寿器：安放死者的棺椁，敬称寿器。

⑫又液叶共疗疴：漆树的汁液和树叶又都可以作为治病的药材。疴，病。

⑬癞状者：因生癣疥等皮肤病而毛发脱落。这里指被漆“咬”，皮肤过敏的形状。漆唯一不好之处，会使人的皮肤过敏，红肿奇痒难忍，挠之则皮肤起泡、溃烂。没有什么特效药，一般半个月左右会自愈。因此，对漆特别敏感的人，不适合做漆工。

⑭盖古无漆工，令百工各随其用，使之治漆，固有益于器而盛于世：古代没有专职的漆工，髹漆技艺是百工都要掌握的技艺。这就使得有益于器物坚固的髹饰盛行于世。古时各种漆艺纹样髹饰的技法还没有形成，百工所需要掌握的髹漆技艺只是简单的使器物坚固的涂漆工艺。

⑮别有漆工，汉代其时也：从出土的汉代漆器上的铭文记载看，汉代的漆器制作按照的流水作业分工严明，有素工、髹工、上工、黄涂工、画工、涓工、清工和造工等。监督和管理的官员除长、丞、掾、令史以外，还有少府派来的护工卒史。

⑯后汉申屠蟠，假其名也：申屠蟠，字子龙，生于汉代末年，贤德之人。《后汉书·申屠蟠传》：“‘蟠’家贫，佣为漆工。……安贫乐潜，味道守真，不为燥

湿轻重，不为穷达易节。”假其名，杨明认为申屠蟠是借漆工之名隐居遁世。

⑰又出国朝厂工之始：国朝，这里指明朝。厂工，明代为宫廷制造漆器的地方在果园厂。

⑱新安黄平沙称一时名匠：本书作者黄成，明代隆庆时漆工，新安平沙人。明高濂《燕闲清赏笺》：“穆宗（隆庆）时，新安黄平沙造剔红，可比园厂，花果人物之妙，刀法圆活清朗。”

⑲杨明的《髹饰录》序作于天启五年，即1625年，这一年为农历乙丑年。

⑳西塘杨明：杨明，字清仲，明末天启间（17世纪初叶）人，名漆工，西塘人。光绪《嘉兴府志》卷五十一“嘉兴艺术门”：“张成、杨茂，嘉兴府西塘杨江人，剔红最得名。”杨明晚于杨茂二百多年，可能是杨茂的后代而继承了上辈的漆工技艺。

目　录

乾　集

坤集

乾集

平沙黄成大成著

西塘杨明清仲注

凡工人之作为器物，犹天地之造化。

孙曼亭·雕填《龙行不息》四扇屏风正面（陈伟凯摄）

[黄文] 凡工人之作为器物，犹天地之造化。所以有圣者有神者[①]，皆以功以法，故良工利其器。然而利器如四时[②]，美材如五行[③]。四时行、五行全而物生焉。四善[④]合、五采[⑤]备而工巧成焉。今命名附赞而示于此，以为“乾[⑥]集”。乾所以始生万物，而髹具[⑦]工则[⑧]，乃工巧之元气也。乾德大哉！

[注释]

①所以有圣者有神者：明谢肇淛《五杂俎·人部一》：“大约百工技艺，俱有至极，造其极者谓之圣，不可知者谓之神。”

②四时：指四季。《礼记·孔子闲居》：“天有四时，春秋冬夏。”这里是指各种适合的工具适应各个不同的工艺工序的需求，就好比时令四季的顺时转换。

③五行：指水、火、木、金、土。《尚书·洪范》：“五行：一曰水，二曰火，三曰木，四曰金，五曰土。”这里用“五行”来指制作漆器所需要的各种材料。

④四善：《考工记》：“天有时，地有气，材有美，工有巧，合此四者，然后可以为良。”

⑤五采：采，通“彩”。《考工记》：“东方谓之青，南方谓之赤，西方谓之白，北方谓之黑，天谓之玄，地谓之黄。”泛指多种颜色，这里指各种漆器髹饰的技法。

⑥乾：《周易·说卦》：“乾，天也。”八卦之一，代表天。

⑦髹具：古代用漆漆物曰“髹”。髹具是制作漆器所使用的工具。

⑧工则：漆工制作漆器应该遵循的方法和规则。

[解读] 黄成认为工匠所造漆器，有的成为圣品，有的成为神品，都因下的功夫和用的方法各有不同；虽功夫和方法各有不同，但漆工都必须凭借良好适用的工具和精美的原材料，也就是良工必先利其器，故他把工具和原材料放在书中的第一章。《乾集》共两章。首章“利用第一”讲的是漆工的工具和原材料。次章“楷法第二”讲的是漆工制作漆器过程中容易犯的过失。

利用第一

[**杨注**] 非利器美材，则巧工难为良器，故列于首。

[**解读**] 没有适用的工具和良好的原材料，即使是优秀的漆工也制造不出好的漆器，所以把适用的工具和良好的原材料放在本书的开端来解说。

1 [黄文] 天运，即旋床[①]。有余不足，损之补之。

[**杨注**] 其状圜[②]而循环不辍[③]，令碗、盒、盆、盂，正圆无苦窳[④]，故以天名焉。

[**注释**]

①天运，即旋床：旋床是专门车旋圆形漆器木胎的机床。古时工匠用足踏作动力，带动与足踏板相连的轴辊车头。将粗坯固定在车头上，轴辊牵转，配合手卡刀具，便可将木材旋削成不同形体的圆状坯胎，如碗、盒、盆、盂等。车旋制坯分为三个步骤：劈粗坯、车外圆、车内圆。不同的圆坯需用不同的刀具。

②圜：圆形。

③辍：停止。

④苦窳：《史记·五帝本纪》注："苦，音古，粗也。窳，音庾，病也。"这里"苦窳"的意思是破损。无苦窳指车旋出来的圆形器物坯胎光滑细腻，无破损。

[**解读**] 旋床是专门车旋圆形木胎的机床，是制作漆器的圆形木胎不可缺少的设备。古代的旋床是靠人工足踏作动力的，现代旋床已改为电动，实现半机械化。

2 [黄文] 日辉，即金[①]。有泥[②]、屑[③]、麸[④]、薄[⑤]、片[⑥]、线[⑦]之等。

人君有和，魑魅无犯[8]。

[**杨注**]太阳明于天，人君德于地，则魑魅不干，邪谄[9]不害。诸器施之，则生辉光，鬼魅不敢干也[10]。

[**注释**]

①日辉，即金：金被加工成金箔、金片、金线等，是髹饰漆器的材料之一。

②泥：泥金，将金箔再加工研磨至粉细如泥。

③屑：屑金，小的金箔碎片。

④麸：麸金。麸，通常指小麦磨成粉，筛过后剩下的麦皮和碎屑，也叫麸皮。这里是指如麸皮大小的金箔碎片。

⑤薄：通"箔"，即金箔。

⑥片：金片，指将黄金熔化，制成厚度0.1毫米的金片。

⑦线：金丝，金片裁成的丝条。

⑧魑魅无犯：魑魅，传说中山林里能害人的怪物。犯，触犯、冒犯。

⑨邪谄：邪，不正当，邪恶。谄，巴结，奉承。

⑩鬼魅不敢干也：出自《汉书》："使绝域者，皆受金泥玺封，鬼魅不敢干也。"汉朝时，上将出征或出使极远的国家，都接受以金为泥封好的盖有皇帝印的证书，这样鬼魅就不敢冒犯了。"干"：冒犯，冲犯。

[**解读**]金是髹饰漆器的材料之一，有金片、金丝、金箔等。其中泥金、屑金、麸金等都是由金箔加工而成的。金箔的型号以含金量标定。如金箔标号从77号到98号，即是含金量为77%至98%。福州俗称的"大赤""二赤"，是以含金量的多与少来区分。通常金箔为大小不等的方形，规格有44.5毫米×44.5毫米、83.3毫米×83.3毫米、93.3毫米×93.3毫米等。根据器物的工艺需要，工匠选择不同规格的金箔。

泥金、屑金、麸金都是由金箔加工而成的。泥金的做法：将金箔放在瓷釉光滑的碟子里，内调广胶水（用动物骨皮熬煮成膏状的胶水谓"广胶

水”），用手指在里面圆转研磨，直至胶水干凝，研不动了，入开水。待胶水溶解，金粉沉底，将水倒掉，胶质随水而去。照此法要研三次，才能将金箔研成极细的粉末，最后将沉淀的金粉晒干，细箩筛过即可。屑金、麸金的做法：把金箔放入捣金筒，用贴金的帚笔捣碎即可。捣金筒绢罗孔目的大小依照屑金、麸金的大小来确定。

捣金筒的做法：取一根长10厘米、直径8厘米的圆木头，木头车旋成空心，筒壁厚一厘米，分成两节，上节7厘米，下节3厘米。上节底的部分，外圆高度和深度各车旋去5毫米，这样上节的底部直径比下节小了1厘米，刚好套进下节，又成为一个空心的圆筒。上节用绢罗作底，紧紧套进下节，下节有底。上节有盖，盖中间有洞，贴金帚笔笔杆从洞中露出。金箔放在上节筒里，用贴金帚笔捣碎金箔，金屑则通过绢罗落入下节筒里。根据所需金屑的大小选择或疏或密的绢罗即可。金粉也可以这样制作，但这样制作的金粉比泥金粗糙。现在金粉一般都是采用这种制作方法。

唐代将厚度0.1毫米的金片银片剪镂成各种图案花纹，贴于漆器表面，然后刷上一至两道黑色的面漆，面漆干固后，经打磨推光，显露出金色银色的花纹。唐代称之为“金银平脱”工艺。

金是漆器髹饰中最昂贵的材料之一。它的特点是富丽光辉，与其他的材料同时髹饰在漆器上，虽材质不同却和美而顺，美美与共。

3［黄文］月照，即银①。有泥②、屑③、麸④、薄⑤、片⑥、线⑦之等。宝臣惟佐⑧，如烛精光⑨。

［杨注］其光皎如月。又有烛银。凡宝货以金为主，以银为佐，饰物亦然，故为臣。

［注释］

①月照，即银：银被加工成银箔、银片、银线等，是髹饰漆器的材料之一。

②泥：泥银。“泥银”是将银箔再加工研磨至粉细如泥。

③屑：屑银。小的银箔碎片。

④麸：麸银。这里指如麸皮大小的银箔碎片。

⑤薄：银箔。

⑥片：银片，指将银熔化，制成厚度0.1毫米的银片。

⑦线：即银丝，银片裁成的丝条。

⑧宝臣惟佐：宝，宝货，好的漆器。臣，指银片、银箔、银丝、银粉等。佐，辅佐，帮助。

⑨如烛精光：《尔雅》注：“银有精光，如烛也。”

[解读] 银是髹饰漆器的材料之一，有银片、银丝、银箔等。其中泥银、屑银、麸银等都是由银箔加工而成的。昂贵漆器的髹饰都是以金为主，以银为辅。一件漆器用金和银来作为它的髹饰材料，金光熠熠，银光闪闪，疏密相间，富丽堂皇。

4 [黄文] **宿光，即蒂[①]。有木[②]，有竹[③]。明静不动，百事自安。**

[杨注] 木蒂接牝梁[④]，竹蒂接牡梁[⑤]。其状如宿列也。动则不吉，亦如宿光也。

[注释]

①宿光，即蒂：宿，我国古代天文学家把天上某些星的集合体叫作宿。星宿，特指二十八宿。蒂，瓜、果等跟茎、枝相连的部分，瓜熟蒂落。这里是指置放圆形漆器的托板形状如瓜蒂。全句用星宿来比喻托板在层架上的摆放形状。

②木：木蒂。木制的，置放在荫房层架上，形如脱落的瓜蒂，是圆形器物上漆后置放的托板，木柄实心。

③竹：竹蒂。形状与用途同木蒂，竹柄空心。

④木蒂接牝梁：牝，雌性鸟兽，与“牡”相对。牝梁，指荫房里架子上有洞的层板。

把木蒂插在有洞的层板里，作为圆形漆器上漆后置放的层板。

⑤竹蒂接牡梁：牡，雄性鸟兽，与“牝”相对。牡梁，指荫房里架子上装有凸出榫头的层板。竹蒂套进榫头，作为圆形漆器上漆后置放的层板。

[解读] 木蒂、竹蒂、牝梁、牡梁都是圆形漆器上漆这道工序的用具。这些可装可卸的用具置放在荫房里的层架上，圆形漆器上完漆，放在木蒂或竹蒂上待干。木蒂插在牝梁里，竹蒂套在牡梁上。置放要小心，安放要牢靠，各有定位为好。本条里的“宿光”“宿列”等词，都是用来比喻圆形器物上漆后排列在荫房层架上的形状。

5 [黄文] 星缠，即活架。牝梁为阴道，牡梁为阳道①。次行连影，陵乘有期②。

[杨注] 牝梁有窍，故为阴道。牡梁有榫③，故为阳道。魏④数器而接架，其状如列星次行。反转失候，则淫泆冰解⑤，故曰有期。又案：曰宿、曰星，皆指器物，比百物之气，皆成星也。

[注释]

①星缠，即活架。牝梁为阴道，牡梁为阳道：荫室中专门用来摆放漆器的可装可卸的活动架子，这种活动架子是用公母榫相套接的，故曰阴道、阳道。

②次行连影，陵乘有期：次行连影，指上漆待干的漆器在层架上置放时，按上漆时间的先后顺序摆放。陵乘有期，《登坛必究》曰：“星在下而上曰陵，在上而下曰乘。”意思是：位置在下的星星往上移动曰陵，位置在上的星星往下移动曰乘。这里的“陵乘有期”是用星宿来比喻上漆的漆器摆放的形态。漆器地底在上最后一道魏漆时，要求漆层较厚一些，所以上漆后放在层架上，要及时定时翻转一下，朝上的转为朝下，朝下的转为朝上，防止漆液流淌下垂。漆器上漆后置放时，要从上往下有序地摆放。翻转时，也要从上至下按时间的前后顺序翻转为要。

③榫：榫头，竹、木、石制器物或构件上利用凹凸方式相接处凸出的部分。

这里指活动架子牡梁上的榫头。

④麭（pào）：“麭漆”，漆器地底制作的最后一道面漆。这里的“麭”，刷漆的意思。

⑤淫泆冰解：淫，过分，无节制。泆，同“溢”，水满，溢出。这里指漆液流淌下垂。

［解读］活架，是荫房里专门置放漆器的可装可卸的活动架子。这种活动架子虽是用公母榫相套接的，却非常结实。因为上漆的漆器有时是立面的，漆液易流坠，故刷漆后要在漆面结膜快干之前定时翻转一至两次，所以承载漆器的架子一定要结实牢固。

漆器地底部分的制作过程可以分为四个阶段，即底、垸、糙、麭。底，指底胎的上漆工序，如捎当、裱褙麻布等。垸，指粗漆灰、中漆灰、细漆灰工序。糙，糙漆，指漆灰工序结束后，灰面上刷的第一道面漆。糙漆刷完还要再刷一道稍薄的面漆，称为“中漆”。麭，指地底制作的最后一道较厚的面漆，打磨后，漆器的地底制作工序就结束了。

孙曼亭在做“推光”工序（陈伟凯摄）

孙曼亭在做“擦推光”工序（陈伟凯摄）

6［黄文］津横，即荫室中之栈[①]。众星攒聚，为章于空[②]。

［杨注］天河，小星所攒聚也。以栈横架荫室中之空处，以列众器，其状相似也。

［注释］

①津横，即荫室中之栈：荫室，漆器上漆之后，须放在潮湿而温暖的空气中，才容易干固，又切忌灰尘落粘在漆面上，荫室即是具备上述条件的一种设备。荫室不宜太大，一般面积8至10平方米，当然也要视制造的器物大小而定。荫室密封无尘，只留进出小门，可人工加热加湿。室内温度25° c—30° c，湿度75%—80%为好。荫室内要有照明设施、可装可卸的木架、层板，也可安装增温增湿设备。栈道，原指在险峻的山壁上凿孔、架木桩，铺上木板而成的窄路，这里指荫室内横放架子上的层板，因似栈道而得名。

②众星攒聚，为章于空：攒聚，聚集在一起。章，条理，有条理的摆放。

［解读］“津横”就是荫室里特设的木架与可装可卸的层板，用来置放上漆待干的漆器。

7［黄文］风吹，即揩光石并桴炭[①]。轻为长养，怒为拔拆。

［杨注］此物其用与风相似也。其磨轻则平面光滑无抓痕，怒则棱角显，灰有玷瑕[②]也。

［注释］

①风吹，即揩光石并桴炭：揩光石和桴炭都是传统漆器工艺“麭漆”与“磨推光”这一工序的水磨工具（可消耗材料）。

②玷瑕：玉上面的斑点。这里指把面漆磨穿，露出底下的漆灰的斑点。

［解读］揩光石和桴炭是传统漆器工艺“麭漆”与“磨推光”的研磨工具。揩光石是用来研磨去漆面中的粗点和刷痕，而桴炭则是将揩光石在漆面上留下的痕迹以及揩光石漏磨的地方研磨到位。桴炭比揩光石更为细腻。“麭漆”与“磨推光”这两道漆器水磨工序在漆器制作过程中是很重要的，故揩光石和桴炭的选择也很重要。揩光石一定要选择没有砂钉的，否则，漆面就会划痕破损。桴炭要选择质坚而无杂质的毛松木、山榉木等烧成的炭。现在这道工序已用不同型号的水砂纸替代揩光石和桴炭。

用揩光石和桴炭研磨时要注意：①研磨不到位留下粗点与刷痕；②研磨过了，将面漆磨穿，会显露出灰底；③揩光石和桴炭的选料要严格，石中不可含砂，炭中不可含杂。否则漆面就会磨出棱角，显露抓痕，达不到“长养”的目的，反成为“拔拆”之过。

8［黄文］雷同，即砖石，有粗细之等[①]。碾声发时，百物应出。

［杨注］髹器无不用磋磨而成者。其声如雷，其用亦如雷也。

[注释]

①雷同，即砖石，有粗细之等：砖石是用来打磨漆器漆灰地底的材料。砖石分为粗和细两种。粗石一般用来干磨粗漆灰和中漆灰。细石用来水磨细漆灰。

漆灰水磨石块“红梨石”（陈伟凯摄）

[解读] 所有的漆器地底的制作都离不开砖石打磨工序，故髹漆无不磋磨而成。打磨的砖石有粗有细，以工序需求而定。漆器坯胎灰地的制作如下：粗漆灰、中漆灰干固后用粗砖石干磨；细漆灰干固后用细砖石水磨，水磨后灰面光滑平实无凹点，才可上糙漆工序。

9[黄文]电掣，即锉[1]。有剑面[2]、茅叶[3]、方条[4]之等。施鞭吐火，与雷同气。

[杨注] 施鞭言其所用之状，吐火言落屑霏霏。其用似磨石，故曰与雷同气。

[注释]

①电掣，即锉：锉刀。

②剑面：如剑状，两边薄，中间厚的锉刀。

③茅叶：茅叶状，细长尖头的锉刀。

④方条：平头长条的锉刀。

[解读] 这里各种不同形状的锉刀，是漆工整修方形、圆形漆器木坯底胎的工具。木坯底胎在做上漆的第一道工序前，必须把底坯上的木针、毫刺、圆形接缝不敏合、臭空小洞的填塞等这些木工没有做到位的，一一整修好，才能开始木坯漆器的制作。

10 [黄文] 云彩，即各色料[1]。有银朱[2]、丹砂[3]、绛矾[4]、赭石[5]、雄黄、雌黄[6]、靛华[7]、漆绿[8]、石青、石绿[9]、韶粉[10]、烟煤[11]之等。瑞气鲜明，聚成花叶。

[**杨注**]五色鲜明，如瑞云聚成花叶者。黄帝华盖之事[12]，言为物之饰也。

入漆颜料“银朱”（陈伟凯摄）

入漆颜料“西洋红”（陈伟凯摄）

入漆颜料“绿粉”（陈伟凯摄）

［注释］

①云彩，即各色料：入漆的各种颜料。

②银朱：学名“硫化汞”，乃硫黄同汞提炼而成，素以色泽艳丽典雅、遮盖力强而著称。中国银朱多产自广东，尤以佛山银朱入漆成色最佳。

③丹砂：朱砂，是汞与硫黄的天然化合物，不及银朱鲜亮。丹砂以湖南辰州出的为佳，所以又叫辰砂。

④绛矾：赤色天然矾石，入漆后漆色红暗，色彩不佳。

⑤赭石：天然赤铁矿石，用于调配土朱色。

⑥雄黄、雌黄：都是天然矿物颜料。《本草纲目》称：“生山之阴，故曰雌黄。”又称：“石气未足者为雌，已足者为雄。”雄黄、雌黄都是三硫化砷，颜色因成分纯杂有深浅之分。主要用于入漆的黄颜料。

⑦靛华：靛花，是从蓝靛中提炼出来的。明代用蓝靛入漆调配出蓝色。

⑧漆绿：墨绿，一种入漆的绿颜料。

孙曼亭在做“研磨颜料”工序（陈伟凯摄）

⑨石青、石绿：青绿同源，是天然铜矿石。可用作入漆的蓝颜料。

⑩韶粉：铅粉，白色粉末。一般于它调油，不用于调漆。广东韶州出产铅粉，故名韶粉。

⑪烟煤：俗称黑烟子、锅灰，入漆、入油（炼制过的桐油）时调成黑色即可。

⑫黄帝华盖之事：晋崔豹《古今注》云："（黄帝）与蚩尤战于涿鹿之野，常有五色云气，金枝玉叶，止于帝上，有花蘤（huā）之象，故因作华盖也。"华盖，古代帝王所乘车子上伞形的遮蔽物。这里形容五彩色漆的绚丽。

[解读] 中国传统漆器髹饰的入漆颜料有：银朱、丹砂、绛矾、赭石、雄黄、雌黄、靛华、漆绿、石青、石绿、韶粉、烟煤等。其中烟煤还有一个作用，漆器在制作中，若边缘线条露出木头的底色，用烟煤调生漆，敷擦破损处，遮盖力很强，效果好。

所有入漆的颜料都要进行碾细工序后才能入漆。碾细工序为：①颜料调广油（熟桐油）成泥状；②放在厚石板上用石锤碾细，与油融为一体，福州漆工称为"色脑"，装在碗里待用。现在如果用量大，一般是用电动代替手工研磨。

11 [黄文] 虹见，即五格揩笔觇[①]。灿映山川，人衣楚楚。

[杨注] 每格泻合[②]色漆，其状如蝃蝀[③]。又觇笔描饰器物，如物影文相映，而暗有画山水人物之意。

[注释]

①虹见，即五格揩笔觇："笔觇"是漆工彩绘漆器时的用具。同时可盛放不同色漆的五格碟子并供漆画笔揩笔用。

②泻合：倾满的意思。

③蝃蝀（dìdōng）：彩虹。

[解读]“五格揩笔觇”是隔成数个格子的碟子，可盛放不同色漆，同时可供漆画笔揩笔用。（为叙述方便，以下凡是广油调颜料，碾细后的色料均称为“色脑”）

12 [黄文] 霞锦，即钿螺[①]、老蚌[②]、车螯[③]、玉珧[④]之类。有片有沙[⑤]。天机织贝[⑥]，冰蚕[⑦]失文。

[杨注] 天真光彩，如霞如锦；以之饰器则华妍[⑧]，而“康老子所卖”，亦不及也[⑨]。

[注释]

①钿螺：在蚌壳，螺壳加工而成的薄片上，用刀或模凿（见38）裁切出人物、花鸟、几何图形或文字等，根据画面的需要镶嵌在器物表面的装饰工艺的总称。

②老蚌：即老蚌的壳。《本草纲目》介部蚌条：“蚌与蛤同类而异形，长者通曰蚌，圆者通曰蛤，……后世混称蛤蚌者，非也。”

薄的蚌螺片（陈伟凯摄）

③车螯：一种蚌的名称。《本草纲目》介部车螯条："车螯……其壳色紫，璀璨如玉，斑点如花，……壳可饰物。"

④玉珧：一种蚌的名称。古代用蚌壳片纹样来装饰弓和刀。

⑤有片有沙：片，贝壳切成的片。沙，指切成片的贝壳再加工成如沙一样大小的颗粒。

⑥天机织贝：贝壳莹莹发光的天然光彩。

⑦冰蚕：东晋王嘉《拾遗记》："（员峤山）有冰蚕，长七寸，黑色，有角有鳞，以霜雪覆之，然后作茧。长一尺，其色五彩。织为文锦，入水不濡。以之投火，经宿不燎。唐尧之世，海人献之，尧以为黼黻。"

⑧华妍：美丽。

⑨而"康老子所卖"，亦不及也：唐段安节《乐府杂录》："长安富家子名康老子，落魄不事生计，常与国乐游，家荡尽。偶得一旧锦褥，波斯胡识是冰蚕所织，酬之千万。还与国乐追欢，不经年复尽，寻卒。乐人嗟惜之，遂制此曲，亦名《得至宝》。又康老子遇老妪，持锦褥货鬻，乃以半千获之。波斯人见曰：'持冰蚕所织也，暑月置于座，满室清凉。'"这里借指漆器上螺钿装饰的花纹比当年康老子所卖的冰蚕锦褥还要美丽。

[解读]"钿螺"的"钿"字，为镶嵌装饰之意。"钿螺"即"螺钿"是在蚌壳、螺壳加工而成的薄片上，用刀或模凿裁切出人物、花鸟、几何图形等，镶嵌在器物表面的装饰工艺的总称。螺壳、蚌壳因种类不同、大小不同、厚薄不同，色泽也有差别，所以统称为"螺钿"。

13[黄文]雨灌，即髹刷①。有大小数等，及蟹足②、疏鬣③、马尾④、猪鬃⑤。又有灰刷⑥、染刷⑦。沛然不偏⑧，绝尘膏泽⑨。

[杨注]以漆喻水，故蘸刷拂器，比雨。麴面无纇⑩，如雨下尘埃，不起为佳。又漆偏则作病，故曰不偏。

[注释]

①雨灌，即髹刷：上漆的漆刷。

②蟹足：如蟹足一样造型的漆刷，适用于酒杯、茶杯等圆形漆器里壁制作的工具。

③疏鬣：疏，粗。鬣，某些兽类（如马、狮子等）颈上的长毛。疏鬣，即用这些兽类的长毛制作的漆刷。

④马尾：马尾巴的毛制作的漆刷。

⑤猪鬃：用猪鬃制成的漆刷。猪颈上的较长的毛，质硬而韧，可用来制漆刷。

⑥灰刷：上漆灰是制作漆器地底的工序。其中圆形器物及其他形状的漆器的边线边条等都得用漆刷这一工具，所以称为“灰刷”。漆灰黏稠，易损刷毛，故灰刷的毛要比较粗、硬、耐用，如猪鬃刷、牛尾刷等。

⑦染刷：漆器底胎上底色的软刷。猪鬃刷、羊毛刷、马尾刷、牛尾刷等均可，其中羊毛刷柔软好用。

⑧沛然不偏：漆面漆液充足，厚薄匀称。

⑨绝尘膏泽：绝尘，漆面无尘粒。膏泽，漆面厚、肥腴。漆面要达到“绝尘膏泽”这样的效果，光有好的漆刷还不够，还得要有掌握良好技术的漆工。

⑩䰉面无颣（lèi）：颣，丝上的小疙瘩，这里指漆面上的小粗点、小尘粒。全句指干固后的䰉漆面上无小粗点。

[解读] 漆器制作过程历来与工具有着莫大的关系，漆刷是髹漆最常用的工具，漆刷的好坏直接影响到髹漆的效果。福州漆工流行的一句话，“功夫全，工具半”，说的就是这个道理。漆刷一般用马尾、牛尾、猪鬃等材料来制作，福州漆工多是用人的头发来自制漆刷。漆刷有大、中、小型号，式样有平口、斜口、弧口、阔口等。这些漆刷都要求毛密、口齐、刷刃软、根部韧而强硬。

漆刷保养也很重要。漆刷用完，应马上用松节油或樟脑油清洗干净刷毛上的漆液，再在刷毛上涂抹一些不干的食用油。下次再刷漆前，用松节油或樟脑油清洗干净食用油即可。有经验的漆工，严格将漆刷分为：灰刷、糙漆刷、䰉漆刷、罩透明漆刷、厚料漆刷等，其中厚料漆刷最为考究，使用和保养也最为重要，故一把好的漆刷可陪伴漆工一生。

［**工艺工序**］

福州头发漆刷的制作

1. 选择未烫、未染、分叉少、发质好的头发。长度最短约十厘米。

2. 将头发捆束，用洗发液清洗，再冲洗晾干。

3. 头发浸进漆液里（生漆调煤油，60% ∶ 40%）。

4. 取出浸透的头发，放在玻璃板上，按预先设计的刷子宽度和厚度排列，用梳子理顺梳齐，再用极细的篦梳梳掉多余的漆液，让头发紧密粘成片状，再用角锹轻轻刮尽溢出的漆液，平贴在玻璃板上待干。一般刷子的厚度为 2 至 3 毫米，宽度有 8 厘米、6 厘米、4 厘米、2 厘米、1 厘米等。

5. 两天后，用刀片轻轻取出玻璃板上的刷毛，夹在两块薄木板上，用细麻绳绑紧来固定，防止刷毛弯曲变形。

6. 两周后，刷毛干透干固后解开麻绳，将干固的刷毛裁成长度 5 厘米的一段一段即可。

7. 准备两块长度为 20 厘米、厚度为 2 毫米板面刨光过的薄木片（软木较好）。板面宽度以刷毛的宽度为准。各薄木片单面涂上“生漆面”黏胶（生漆调面粉称为“生漆面”黏胶），不可太厚。将刷毛夹在两块薄木片的中间，刷毛的一头与薄木片的一头齐平，作为刷头。用细麻绳绑紧，等完全干透干固，20 天左右解掉细绳。

8. 取两条与漆刷一样长的薄竹篾条，在漆刷的左右两侧涂上“生漆面”，粘上薄竹篾条，用细绳绑紧，干固后，解掉细绳。

9. 将夹有刷毛的刷子那一头磨平，用利刀斜削去刷头两面的半厘米长的夹木板，露出刷毛。将漆刷的毛发锤松，一把福州头发漆刷就制作完成了。

这种漆刷一口刷毛用坏了，削去坏毛，用刀再开出一口新毛，一直至板中毛发用尽为止。

14［黄文］露清，即罂子桐油[①]。色随百花，滴沥后素[②]。

［杨注］油清如露，调颜料则如露在百花上，各色无所不应也。后素言露从花上坠时，见正色，而却呈绘事也。

［注释］

①露清，即罂子桐油：桐油是桐树果实之油。

②滴沥后素：滴沥指桐油。“素”原义为本色、底色、白色、无色，这里有“素描”之意，指白描稿。《周礼·考工记》：“凡画缋之事，后素工 。”“画缋之事”，指设色彩绘。缋与绘同音同义。“后素”指大凡画工设色，缋工设色，都先要有白描稿，而后才开始设色彩绘。

［解读］

桐油树生长在我国长江流域及以南一带的地区，是我国特产之一。桐油是桐树果实之油，用加催干剂炼制好的熟桐油（见76）调颜料称为“油色”。“油色”彩绘漆器，可表现白色及各种浅色鲜艳的色彩，可谓是百花色彩，鲜明无所不应。由于桐油的主要成分为桐油酸，极相似大漆中的漆酚，并易于氧化聚合，所以和大漆调配使用的效果也最佳，是大漆很好的伴侣。切记，入大漆的熟桐油不能加催干剂（见76）。

15［黄文］霜挫，即削刀并卷凿[①]。极阴杀木，初阳斯生。

［杨注］霜杀木[②]乃生萌之初，而刀削朴，乃髹漆之初也[③]。

［注释］

①霜挫，即削刀并卷凿：“削刀、卷凿”是旋床上用以旋制木胎圆形器物的刀具。

②霜杀木：指霜打树木，枯叶纷纷掉落。这里指车旋圆形木胎器物时纷纷下

落的木屑。

③而刀削朴，乃髹漆之初也：朴，未加工的木材。制作圆形漆器是从旋削木胎开始的。

[解读] 削刀、卷凿是制作圆形漆器木胎的刀具，如碗、盒、盆、盂等。

16 [黄文] 雪下，即筒罗①。片片霏霏，疏疏密密。

[**杨注**] 筒有大小，罗有疏密，皆随麸片之细粗、器面之狭阔而用之。其状如雪之下而布于地也。

[**注释**]

①雪下，即筒罗：筒罗是向湿漆面上筛洒金箔碎片或银箔碎片的工具。

[解读] 筒罗是把绢罗蒙在一截竹筒上做成的。筒的大小，视漆面的广狭而定。绢罗的稀密视所需的金箔或银箔的大小而定。

具体的做法是：把金箔或银箔和几粒豆子同时放入筒罗，摇动，豆子滚动，将金银箔碾碎，顺着罗孔洒到湿漆面上粘住即可。一般用于漆器盒、碗等内壁的髹饰。

[**工艺工序**]

福州脱胎漆器髹饰技法“洒金”的工艺工序

1. 在漆器内壁的漆地上（如圆盒、方盒等）刷上黑漆或色漆放置荫房待干。（黑漆，福州漆工又称为“洋漆”。）

2. 待漆面结膜但一定要有粘尾的最佳贴金的时间，用筒罗将金、银的碎片均匀洒在漆面上。

3. 漆面干固无粘尾时，用脱脂棉将金、银的碎片轻轻压实，用长毛刷轻轻清除碎屑。

福州脱胎漆器髹饰技法“洒金色底漆”的漆料配制

1. 广油调颜料碾细为泥状“色脑”（见10）。

2. 红推光漆（要求漆面2小时左右结膜快干的红推光漆）与广油按60%∶40%调和静置待用（40%的广油里包含碾颜料的广油）。

3.漆料与颜料调和，依据试板色相为准，以漆面24小时表面结膜不粘手为准。

福州脱胎漆器髹饰技法“洒金黑底漆”的漆料配制

黑推光漆65%（要求漆面2至3小时结膜快干的黑推光漆）与广油按65%∶35%调和静置待用，以漆面24小时表面结膜不粘手为准。

“洒金色底漆”和“洒金黑底漆”上漆后均要置放在荫房里。要求荫房温度25℃左右，湿度80%左右。

17 [黄文] 霰布，即蘸子[①]。用缯[②]、绢[③]、麻布。蓓蕾[④]下零[⑤]，雨冻先集[⑥]。

[**杨注**] 成花者为雪，未成花者为霰，故曰蓓蕾，漆面为文相似也。其漆稠黏[⑦]，故曰雨冻。又曰下零，曰先集，用蘸子打起漆面也。

[**注释**]

①霰布，即蘸子：霰，小雪珠，多在下雪前降下。这里是指漆器上纹样的形态如小雪珠。蘸子，漆器上起蓓蕾纹样的工具，是用缯、绢布、麻布等织品做成。

②缯：丝织品的总称。

③绢：绢布。

④蓓蕾：这里指用蘸子在漆器上起小雪珠般的凸起颗粒纹样。

⑤下零：零，下雨，引申为落下，凋落。《诗经·豳风·东山》："零雨其濛。"这里指漆地上纹样的形态。

⑥雨冻先集：雨冻，一种特殊的降水现象，这种雨从天空落下时是0℃以下的水滴，一落地就结为固态的冰。集，集合；聚集。这里指漆地上纹样的形态。

⑦稠黏：与稀相对，浓厚的意思。

[解读] 用丝绸、绢布、麻布等织品做成的蘸子，蘸色漆在漆地上点出小雪珠般凸出的有如蓓蕾的纹样。所用纹样的色漆要稠黏浓厚，才能凸出，立而不散。

福州点纹样的蘸子，除了用绢布、麻布以外，常常用干的丝瓜络，效果也很好。

孙曼亭在漆地上点纹样（陈伟凯摄）

［**工艺工序**］

福州脱胎漆器髹饰技法“彰髹”的“起纹样”的工艺工序

1. 将调好的色漆平摊在台板上，厚薄一致，这很重要。厚薄一致的色漆，加上轻重一致的手法，点出来的纹样才会均匀，大小一致。

2. 干的丝瓜络要浸水泡软，抖干，然后蘸色料在漆地上均匀地起花纹。

3. 色漆花纹一般要干固一个月左右，才能进行下一道覆盖工序。

福州脱胎漆器髹饰技法“彰髹”的“纹样色漆”的漆料配制

1. 要用漆面 4 小时左右结膜快干的红推光漆。

2. 颜料调广油碾细成泥状“色脑”（见 10）。

3. 红推光漆里不入油，直接调入碾细的色料，以试板上预先设定的色相为准。因为纹样的色漆料要稠黏，点起的纹样才会凸起不散；纹样色漆料一般都要进行研磨、推光工序，故要求要有硬度，经得起研磨和推光的工序而纹样不塌陷，故漆中不可入油。

18［黄文］雹堕，即引起料[①]。实粒中虚[②]，迹痕如炮[③]。

［**杨注**］引起料有数等，多禾壳之类，故曰“实粒中虚”，即雹之状。又雹，炮也，中物有迹也[④]。引起料之痕迹为文以比之也。

［**注释**］

①雹堕，即引起料：引起料，是漆器上起纹样的媒介物，起纹后即除去，如谷壳、枯荷叶等。

②实粒中虚：指禾谷的壳，拿来作为漆地上起纹样的引起料。

③迹痕如炮：《本草纲目》："雹者，炮也，中物如炮也。"这里指用禾谷的壳作引起料，撒在湿的漆面上，漆面干后，除去谷壳留下的谷壳迹痕，犹如冰雹落在地上留下的迹痕。

④中物有迹也：谷壳在湿漆面上印出许多痕迹。

[解读] 漆器表面髹饰的花纹用禾谷的壳作为引起料做法是：将禾谷的壳均匀撒在湿的漆面上，轻轻压实，漆面干固后，揭除漆面的禾谷壳，并用松节油之类的溶剂清洗干净。因禾谷壳相互叠压，中间有许多叠压不到的空间，这些空间的漆液结膜干后是凸起的，而禾谷壳叠压覆盖下的湿漆被溶剂清洗后是凹下去的，这样漆地上便显现出凸凹不平的天然肌理。

[工艺工序]

福州脱胎漆器髹饰技法"谷壳赤宝砂"的工艺工序

1. 在漆地上刷上一道较厚的黑推光漆（要求漆面 4 小时左右结膜快干的黑推光漆）。

2. 黑推光漆半干时，均匀撒上禾谷空壳，轻轻压实，入荫房待干。

3. 黑推光漆干固后，揭除漆面上的禾谷空壳，并用松节油之类的溶剂清洗干净禾谷空壳覆盖下的湿漆，漆面便显现出凹凸不平的天然纹理。

4. 用细瓦灰沾水擦除留在纹样上的溶剂，清水洗净瓦灰，晾干。

5. 用金底漆薄薄均匀地刷一道，入荫房待干。(金底漆配制见 77)

6. 金底漆面结膜，但一定要有粘尾的最佳贴金时间，贴上铝箔粉。

7. 一周后贴金地干固，用水清洗干净，晾干，刷上一至三道透明漆。

8. 透明漆干固后，进行研磨、推光、揩光工序，漆面就显现璀璨夺目的纹样。

"谷壳赤宝砂"的透明漆配料，因纹样较浅，一般的红推光漆就可以。漆中可入 20% 的广油，本色不加颜料，但要加一点黑推光漆，这样的透明漆带一点灰绿色，效果更好。禾谷空壳要用筛子筛去碎末，选取完整的空壳。

19 [黄文] 雾笼，即粉笔并粉盏[1]。阳起阴起[2]，百状朦胧。

[**杨注**]雾起于朝，起于暮。朱髹黑髹，即阴阳之色，而器上之粉道百般，文图轻疏，而如山水草木，被笼于雾中而朦胧也。

[**注释**]

①雾（wù）笼，即粉笔并粉盏：雾，同雾的古体字。粉盏，放粉的器具。在漆器上描绘图案花纹，须用钛白粉打底稿，然后底稿上再用色漆描画出来。因粉底稿，不是很清晰，所以说“百状朦胧”如被笼在雾中。

②阳起阴起：漆器彩绘画稿正面描稿称为阳，反面描稿称为阴。

[解读]“粉笔”“粉盏”都是在漆器上彩绘纹样打底稿的用具。“彩绘纹样”的打稿，可参考以下工艺工序。

[**工艺工序**]

福州脱胎漆器“彩绘纹样”打稿的工艺流程

1. 准备好装饰图样的画稿。

2. 将画稿放在拷贝纸的底下。毛边纸或宣纸亦可，要求纸质薄而不脆，透明度较好且不光滑，易于附着粉质材料。用铅笔或圆珠笔把画稿里各部分轮廓用线条描下来，此为线描稿（即“阳起”）。

3. 将线描稿翻过来铺平。用粉扑均匀地沾上钛白粉在线描稿纸的背面轻磨细擦，使粉料均匀附于纸上。

4. 将线描稿纸翻到正面，用胶带纸固定在准备彩绘的漆器面上。

5. 用圆珠笔或铅笔沿线按照稿纸内的线条重复描一遍，不得遗漏，不得有任何移位，以免变形。

6. 轻揭线描稿纸，用软毛刷把残留在器物上的粉料清扫干净，呈现出来的痕迹便是彩绘的底稿（即“百状朦胧”）。

7. 大的器物则最好用特种铅笔在漆器的描痕上再非常轻淡地重描一遍，以免在长时间的施工中不慎碰擦而模糊了图案纹样。

20［黄文］时行，即挑子[①]。有木、有竹、有骨、有角[②]。百物斯生，水为凝泽[③]。

［杨注］ 漆工审天时而用漆，莫不依挑子，如四时行焉，百物生焉。漆或为垸[④]，或为当[⑤]，或为糙[⑥]，或为麭，如水有时以凝，有时以泽也。

［注释］

①时行，即挑子：挑子是漆工搅拌漆、配制漆、上漆灰等工序的工具。

②角：牛角制的挑子，福州称为“角锹”，用来调漆、刮漆灰。

牛角锹（陈伟凯摄）

③凝泽：凝，凝结。泽，聚水的地方。这里指漆液的形态。

④垸（huán）：垸灰。制作漆器底胎上漆灰的工艺工序统称为“垸灰”。漆灰又分为粗灰、中灰、细灰三道工序。

⑤当：捎当，是制作木胎漆器的第一道工序，指漆灰里拌入少许的碎絮或碎麻布等填嵌胎坯中较大的缝隙、凹陷处。

⑥糙：糙漆。制作漆器地底的漆灰工序结束后的第一道面漆称为糙漆。

［解读］挑子即漆工髹漆时的工具，也称为角锹、刮板、灰板等。挑子大小不等，有木、竹、骨、牛角等材料制成。现在多用铁刮。制作漆器从第一道工序开始，无论是捎当、垸灰、糙漆、𩏂漆、漆面纹样装饰等，都离不开挑子。各类漆器的制作，也都要使用到挑子，尤其是漆器地底的制作更是要通过挑子来完成。木、竹、骨、牛角等材料制成的挑子用完要及时清洗干净、擦干为要，以防变形。

［工艺工序］

福州脱胎漆器工具“牛角锹”的修理方法

1. 牛角锹弯曲变形，可放在沸水里浸泡，变软马上取出，擦干，放在玻璃板上，用平整的重物压平，恢复原状即可。

2. 牛角锹太厚，不好使用，可用玻璃片刮薄。

21［黄文］春媚，即漆画笔。有写象①、细钩②、游丝③、打界④、排头⑤之等。化工装点⑥，日悬彩云。

［杨注］ 以笔为文彩，其明媚如画工之装点于物，如春日映彩云也。日言金，云言颜料也。

[**注释**]

①写象：写象笔。写，摹画，俗称“写生”。象，就是物体的自然形象。写象笔就是描画漆画的笔。

②细钩：细钩笔，勾勒线条的漆画笔。

③游丝：游丝笔。比细钩笔还要细的笔，用于细勾衣纹、叶脉等。

④打界：漆画打界笔，在漆画制作中用于画直线。打界笔的做法为：将纯狼毫的毛笔，把笔锋部位压扁，再用绵纸涂漆将毛笔的根部裹固即可。

⑤排头：排头笔，几支笔连缀成一排，刷大面积用的笔，相当于绘画用的排笔。

⑥化工装点：化，造化，大自然。装点，指大自然把百物装点得娇媚艳丽。

鼠毛笔（陈伟凯摄）

[解读]漆器上彩绘用的色漆一般都比较黏稠，这就要求漆画笔要比普通画笔更有韧性、弹性、耐用，这样勾勒出来的线条才能纤细均匀。画工根据色漆的特点和纹样装饰的要求，分别选用鼠毛、羊毫、狼毫等材料制成的写象笔、细钩笔、游丝笔、打界笔、排头笔等，将金、银及各种色漆绘于漆器上。

[**工艺工序**]

福州脱胎漆器画工“鼠毛笔”的制作

福州脱胎漆器画工彩绘漆器，喜欢用自制的“老鼠笔”，也称为“鼠毛笔”。它的笔毛坚挺，既能多含漆液，又最适合勾描极细的长短线条，是勾线的理想画笔。鼠毛笔制作的难度在于鼠毛的选择，必须挑选大老鼠脊背上的最长最坚挺的毛。“鼠毛笔”的制作如下：①根据笔的粗细来决定鼠毛的根数。将鼠毛毛尖向下插入比鼠毛短的透底的小竹筒内；②小竹

筒在玻璃板上转几转，使鼠毛尖部齐平，用线把鼠毛根部扎紧；③从竹筒中抽出鼠毛，把根部用胶水浸湿、晾干；④用绵纸和胶水把毛根裹固；⑤鼠毛笔头制好，插入笔管即可使用。

22［黄文］夏养，即雕刀。有圆头[①]、平头[②]、藏锋[③]、圭首[④]、蒲叶[⑤]、尖针[⑥]、剞劂[⑦]之等。万物假大[⑧]，凸凹斯成[⑨]。

［杨注］千文万华，雕镂者比描饰，则大似也。凸凹即识款也[⑩]。雕刀之功，如夏日生育长养万物矣。

［注释］

①圆头：圆头雕刀。

②平头：平头雕刀。

③藏锋：一种锋刃较钝厚的刀。

④圭首：形似玉圭的刀。

⑤蒲叶：薄扁而长，像蒲叶形的刀。

⑥尖针：细而尖的刀。

⑦剞劂：头带钩形的刀。

⑧万物假大：东汉刘熙《释名》："夏，假也。宽假万物，使生长也。"这里的意思是通过各种雕刻刀的"雕刻"，使万物成形，如同夏日生养万物一样。

⑨凸凹斯成：凸凹即识款。识为阳字，是挺出者。款谓阴字，是凹入者。

⑩凸凹即识款也：在钟鼎文中，凹字为款，凸字为识，故曰凸凹即识款。

［解读］漆器"雕刀"大致分为两种，一种是雕漆用的（包括铃划），一种是刻蚌螺片用的。按不同的功能和规格分，雕刀有数十种。就刀锋的形状来分，有大小平口刀、半圆刀、斜尖刀、三棱刀、凹口刀等。万种物象的凸凹花纹都是用各种各样的雕刀雕刻出来的。

23［黄文］秋气，即帚笔并茧球[①]。丹青施枫，金银著菊。

［杨注］描写以帚笔干傅[②]各色，以茧球施金银，如秋至而草木为锦。曰“丹青”、曰“金银”、曰“枫”、曰“菊”，都言各色百华也。

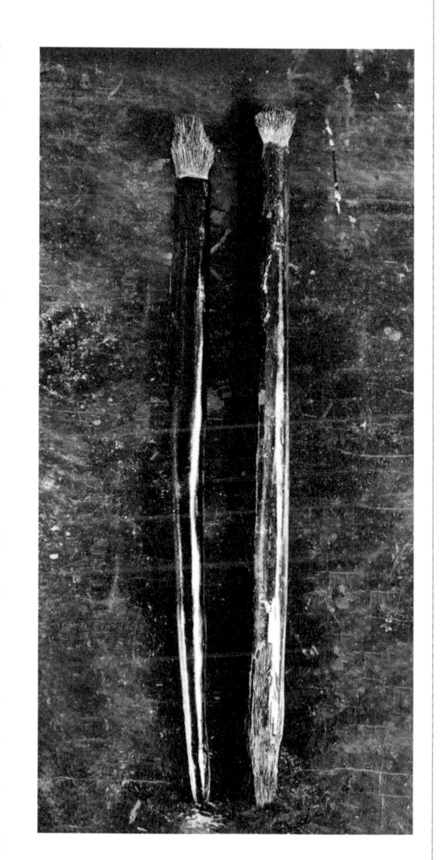

贴金头发帚笔（陈伟凯摄）

［注释］

①秋气，即帚笔并茧球：帚笔、茧球是漆器彩绘中“干傅”技法的工具，也是漆器贴金工序的工具。

②干傅：是漆器彩绘中的一道技法。干傅的材料有各种入漆色粉和金粉、银粉。

［解读］帚笔与茧球是漆器“干设色”技法所用的工具。“干设色”即“干傅”。漆器彩绘分为“湿设色”和“干设色”两种做法。“湿设色”是用画笔蘸色漆直接画上去。“干设色”的做法又分为两种：①用有粘尾的“色漆”描画花纹，然后用帚笔将相关的颜料色粉擦敷上去。②将金底漆涂刷在纹样上，待漆面结膜，但一定有粘尾的最佳贴金时间，用帚笔将金粉擦敷上去。两种做法都要用茧球压实髹饰后的纹样。

［工艺工序］

福州脱胎漆器髹饰技法“干傅”的工艺工序与漆料配制

一、工艺工序

1. 在漆地的纹稿上，分别用不同的色漆描绘好设定的纹样，放荫房待

干。色漆面结膜，但一定要有粘尾的最佳时间，用帚笔将细颜料粉渐进地擦敷上去，把浓至淡或淡至农的渐进过程表现出来。

2. 在漆地上将“金底漆”均匀地涂在设定的纹稿上，放在荫房待干。“金底漆”漆面结膜，但一定要有粘尾的最佳贴金时间，用棉球将不同含金量不同金色的金粉依次擦敷上去，将金色浓至淡或淡至浓的渐进过程表现出来。

福州脱胎漆器“干傅”技法实际操作中，一般帚笔和棉球相结合使用，但会因人而异。

二、漆料的配制

1. “干傅”的底色料：红推光漆 40%（漆面要求 2 小时左右结膜快干的红推光漆）、提庄漆 20%、广油 20%（广油的含量包括调颜料的广油）、明油 20% 调和静置几天后，加进碾细的颜料“色脑”，调成干傅的底漆色料。

2. “干傅”的“金底漆”漆料：红推光漆 40%（漆面要求 2 小时左右结膜快干的红退光漆）、提庄漆 20%、广油 30%、明油 10% 调后静置几天。这样的金底漆可薄可厚，如髹饰龙的鳞片，所需的金底漆就要肥厚。

24 [黄文] 冬藏，即湿漆桶并湿漆瓮[①]。玄冥玄英[②]，终藏闭塞。

[杨注] 玄冥玄英，犹言冬水。以漆喻水，玄言其色。凡湿漆贮器者皆盖藏，令不濂凝[③]，更宜闭塞也。

[注释]

①冬藏，即湿漆桶并湿漆瓮：桶与瓮都是贮放漆的器具。桶与瓮须盖紧，漆面要用油纸盖实封严，以防干固。掩盖漆面的纸称为“掩纸”，由漆工自己加工制作，在绵纸上双面刷涂柿子油，晾干即可。

②玄冥玄英：《尔雅》：“冬为玄英。”玄冥一般指冬季，玄英是冬季的雅称。《月令》：“冬，其神玄冥。”

③溓凝：溓，薄冰。凝，凝结。这里指倘若漆面没有盖实封严，面上的那一层漆就会干固结皮，如一层薄冰。

[解读]桶与瓮都是贮放漆的器具。桶与瓮里装的漆，漆面上要用“掩纸”盖实封严，桶与瓮还须盖紧，以防干固。存放漆的库房最好能背阳、阴凉、潮湿。

[**工艺工序**]

福州贮放漆液“木桶”的加工

1. 木桶的内外用生漆刷一道，吃透。
2. 中漆灰补缝隙、凹陷处。
3. 中漆灰一道，干磨。
4. 细漆灰一道，干磨。
5. 细漆灰一道，水磨。
6. 黑推光漆刷一道，干后用细漆灰补平细小凹处，水磨平整光滑。
7. 木桶外面再刷一道黑推光漆。

因漆的采割十分不易，装漆桶的内壁越光滑无凹处，沾粘的漆就越少，越易清洗。

25 [黄文] 暑㵐，即荫室。大雨时行，湿热郁蒸。

[**杨注**]阴室中以水湿则气熏蒸，不然则漆难干，故曰：“大雨时行。”盖以季夏之候者，取湿热之气甚矣。

[解读] 荫室，是漆器上漆之后置放的一个小房间。漆液结膜快干需要有个潮湿又温暖、易干固又防尘的一个空间。

26［黄文］寒来，即圬[①]。有竹[②]，有骨[③]，有铜[④]。已冰已冻[⑤]，令水土坚。

［**杨注**］言法絮漆[⑥]、法灰漆[⑦]、冻子[⑧]等，皆以圬粘着而干固之。如三冬气令水土冰冻结坚也。

［**注释**］

①寒来，即圬：东汉许慎《说文》："圬，所以涂也。"即泥瓦工人用的抹子。这里指的是不同形状的雕塑刀。

②竹：竹圬，竹子制的圬。

③骨：骨圬，动物骨头制的圬。

④铜：铜圬，铜制的圬。

⑤已冰已冻：这里指使用圬的漆料因为较厚，从里层至外慢慢干透干固需要一段时间，就像数九腊月的冻土慢慢坚固一样。

⑥法絮漆：絮，古代指粗的丝绵，这里指碎丝绵。法絮漆，是指生漆灰里掺入少许碎丝绵，用来填补木胎中的对缝、裂缝、木节眼以及较大的凹陷处的腻子灰。这种腻子灰有易干，加强黏结的力量，不易脱落，不陷塌的特点。

⑦法灰漆：生漆拌砖瓦灰成泥状，称为法灰漆，是制作漆器底胎的漆灰。

⑧冻子：各地的冻子配方虽不同，但都以推光漆、明油、漆灰为主。冻子的特点是柔韧、筋道，可以拿捏造型。

［**解读**］圬是用竹、骨、铜等不同材料制成的不同形状的雕塑刀，用来做器物的边棱线条以及堆漆、浮雕、泥塑脱胎人像模型等。

27［黄文］昼动，即洗盆并帉。作事不移，日新去垢。

［**杨注**］宜日日动作，勉其事不移异物，而去懒惰之垢，是工人之德也，

示之以汤之盘铭意。凡造漆器，用力莫甚于磋磨矣。

[解读] 洗盆与帉，即水盆与手巾，是制作漆器过程中水磨的用具。

髹饰技法里的“水磨”工序有：1.地底制作“细漆灰”水磨工序。2.地底制作“糙漆”水磨工序。3.地底制作“中漆”水磨工序。4.“麴漆”水磨工序。5.“磨推光”水磨工序。6.漆器髹饰纹样“磨显”水磨工序。

28［**黄文**］夜静，即窨。列宿兹见，每工兹安。

［**杨注**］底、垸、糙、麴，皆纳于窨而连宿，令内外干固，故曰每工也。列宿指成器，兼示工人昼勉事，夜安身也。

[解读] 漆器在制作过程中，如逢炎夏和严冬，空气干燥，湿度不够，无论是底、垸、糙、麴等工序，制作完毕后漆器都要搬到窨室里荫干。窨室里湿度不够的话，还要泼水加湿。这样，漆器才不会因湿度不够而“病漆”不干，漆工也才会因漆器“不病”而心安。

29［**黄文**］地载，即几[①]。维重维静，陈列山河。

［**杨注**］此物重静，都承诸器，如地之载物也。山指捎盘[②]，河指模凿[③]。

［**注释**］

①几：矮而小的桌子。这里指漆工的工作台，即桌子，摆放工具、材料、制作漆器等。

②捎盘：漆工的用具，摆在工作台上。一般是长方形木板，长 25 厘米、宽 15 厘米、厚 2 厘米，双面光滑。漆工调漆、刷漆等时都得使用，因木胎漆器制作的第

一道工序“捎当”而得名“捎盘”。福州漆工称为“拨板”，即调漆的小台板。

③模凿 ：凿刻蚌螺壳片纹样的模具（见 36）。

[解读] 地载，指漆工的工作台，即桌子。用来制作髹漆的器物，摆放髹漆的工具、材料等，因而要结实稳重，摆在上面的东西才不易被摔坏。

30 [黄文] 土厚，即灰[①]。有角[②]、骨[③]、蛤[④]、石[⑤]、砖[⑥]及坏屑[⑦]、瓷屑[⑧]、炭末[⑨]之等。大化之元，不耗之质。

[杨注] 黄者厚也，土色也。灰漆以厚为佳。凡物烧之则皆归土。土能生百物，而永不灭。灰漆之体，总如率土然矣。

[注释]

①土厚，即灰：专指与生漆调和的粉状材料，是制作漆器地底必要的材料之一。

②角：角粉，将兽角研碎成的粉。

③骨：骨粉，将兽骨研碎成的粉。

④蛤：蛤粉，将蛤蜊壳捣碎研细成的粉。

⑤石：石粉，石头切割余下的残余部分研磨成的粉，砥粉也是石粉，砥指质地很细的磨刀石。

⑥砖：残破的砖头碾碎研磨成的粉。

⑦坏屑：未烧的砖瓦坯屑碾碎研磨成的粉。

⑧瓷屑：残破的瓷器研磨成的粉，过去漆棺木常用的一种材料。

⑨炭末：将木头烧成炭后研成的粉末。一般用作堆漆中间层的材料，增加其厚度和结实性。

[解读] 各种材料制成的“灰粉”，是制作漆器底胎不可或缺的材料。现在多以青砖瓦粉为主，经筛过，分为粗灰、中灰、细灰三种。

［**工艺工序**］

福州脱胎漆器材料“细砖瓦灰”的制作

1. 将碎破瓦片、破碎青砖碾碎研磨成粉末。

2. 将砖瓦粉末泡水成水浆，充分搅拌，使其粗的颗粒沉于水底，后将面上的水浆倒入容器沉淀。

3. 水浆沉淀，去除水，将湿的细灰粉晒干或烘干。

4. 用细目筛子筛过。这样加工的细灰可用来漆器的推光、揩光工序，极好；也可用在漆器底胎细灰工序上，漆灰面细腻、润泽、无细孔。

31［黄文］柱括，即布并斮絮[①]、麻筋[②]。土下轴连，为之不陷。

［**杨注**］二句言布筋包裹，棬榡[③]在灰下，而漆不陷，如地下有八柱也。

［**注释**］

①斮（zhuó）絮：东汉许慎《说文》：“斮，斩也。”絮，古代指粗的丝绵，这里指斩碎的丝绵。

②麻筋：粗麻布与细麻布。

③棬榡（quānsù）：棬，曲木制成的器物。榡，器未饰也，通作素。棬榡，指未上漆的木制坯胎。

［**解读**］漆器木胎地底制作的这两道工序非常重要，具体做法：①将斩碎的少许丝绵拌入漆灰，填补木胎中的对缝、裂缝、木节眼以及较大的凹陷处；②用麻布裱褙整个漆器底胎。这两道工序的目的是使漆器胎骨坚固，不龟裂、不变形、不塌陷。

[工艺工序]

福州“木胎漆器地底”，修胶勒瑞、刮瑞、褙布工序的制作

第一道工序名称为“修胶勒瑞”：用斜刀将木胎上黏结接缝处溢出的胶水及木胎上裂缝、木节眼中的臭木挖掉。

第二道工序名称为“刮瑞”：用生漆调粗灰（砖瓦灰）作为腻子灰将这些地方补平，一次不平，则多次补平。

第三道工序名称为“褙布”：

1. 细麻布浸泡数日，后揉洗、漂洗干净布浆，晾干待用。

2. 按照器物的大小剪裁麻布。

3. 用砂纸将漆胎上刮填的腻子灰擦平整，并扫清灰粉。

4. 生漆调少许面粉（俗称“生漆面”），作为麻布与底胎的黏胶。

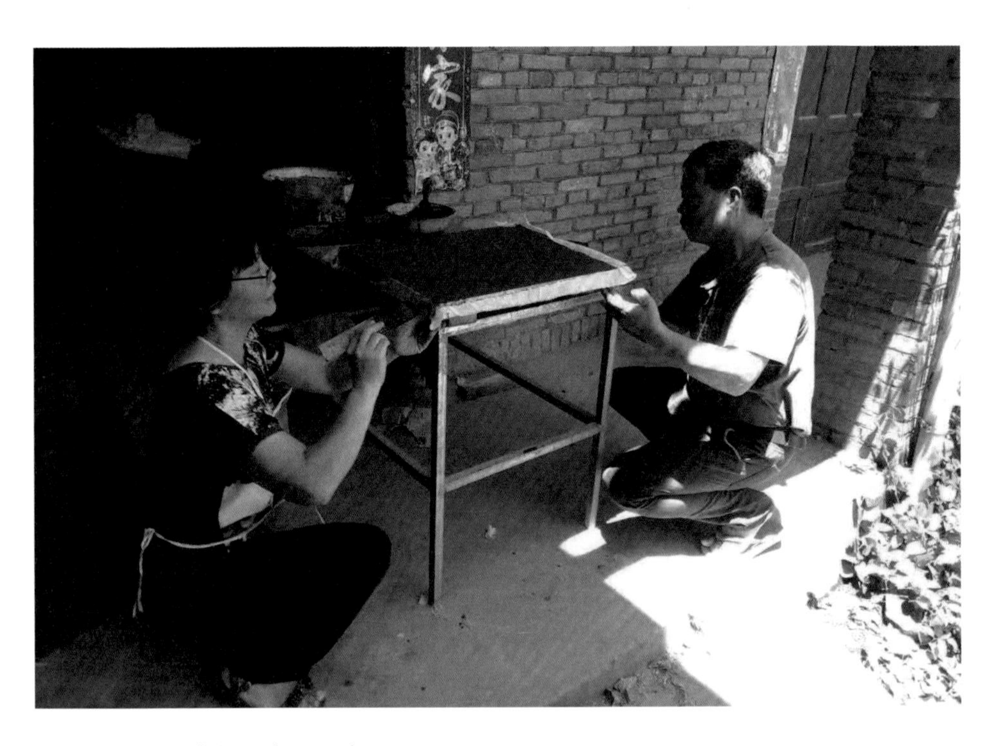

孙曼亭在做“裱褙麻布”工序

5. 用“生漆面”均匀刷一遍，铺上麻布，用骨锹将麻布刮平压实后，在麻布上涂上一层纯生漆，漆液刮透即可，不能厚。荫干数天，至干固为好。

这三道工序是木质漆器底胎制作中至关重要的工序，要点是：每道工序的漆层都要干透，才能覆盖第二道工序。

32［黄文］山生，即捎盘并髹几。喷泉起云，积土产物。

［杨注］泉指滤漆，云指色料，土指灰漆。共用之于其上，而作为诸器，如山之产生万物也。

［解读］捎盘是漆工调漆、上漆等都得使用的小台板。本条中漆工使用的“髹几”，应该是指那种比较大的长方形工作台，可供几个人同时做几道不同的工序。

33［黄文］水积，即湿漆①。生漆②有稠淳之二等③，熟漆④有揩光⑤、浓⑥、淡⑦、明膏⑧、光明⑨、黄明⑩之六制。其质兮坎，其力负舟⑪。

［杨注］漆之为体，其色黑，故以喻水。复积不厚则无力，如水之积不厚，则负大舟无力也。工者造作，无吝漆矣。

［注释］

①水积，即湿漆：湿漆，生漆和熟漆的总称。以漆喻水，故有“水积”之称。

②生漆：也称大漆、国漆，是天然漆的总称。是从漆树上采割下来的乳白色纯天然液体涂料，未经炼制过的，为生漆，也称生漆坯。将生漆坯用麻布过滤两次，掺入20%的水、10%的油（松节油类溶剂），为精制生漆，通俗也称为生漆。

③有稠淳之二等：稠是厚而浊，淳是稀而清。稠是指大木漆，多为原始野生，

树干较为粗大，所产的漆干燥性好，黑度大，附着力强，硬度大，耐用性强，相对浓稠。淳是指小木漆，大多为栽种。所产的漆透明度好，光泽好，干燥性略差，附着力不如大木漆，色泽相对清透。

④熟漆：相对于原生漆而言，即上面所提到的生漆坯。漆树上割下的生漆是不好使用的，用来髹涂器物是涂不厚的，也不能进行研磨、推光工序，所以在使用前必须把原生漆熟化，改变其原有性能。熟漆在硬度、黏度、透明度等方面比原生漆优化。

⑤揩光：即“揩光漆”，福州称为“提庄漆”，是漆器揩光工序的专用漆。漆器推光工序结束后，用棉花沾“揩光漆”敷擦一遍，再用干净棉花均匀擦拭，留下一层极薄的漆膜，放置荫房荫干。干固后用生油涂抹漆膜上，用手掌沾细的纯瓦灰将这层漆膜退掉。这样的工序重复三次后，原来敦朴古色的推光漆面变得更为晶黑光莹。

⑥浓：即浓漆，为常见的“熟漆”，有“红推光漆”和“黑推光漆”。

⑦淡：即淡漆，是“熟漆”的一种，叫“透明漆”。“透明”是相对于“红推光漆”而言，而非绝对透明。精制透明漆的选料，一般选透明度高、色泽明淡的原生漆。讲究的选料方法是：在静置的生漆中取上层稀漂、透明度好的油面漆为原料，一般来说10—20斤高品质原料漆可提取一斤透明漆。“透明漆”的精制与“红推光漆”一样，不同在于原生漆的选料。

⑧明膏：即含广油（熟桐油）的透明漆，也是调配各种色漆的漆料。膏，油脂。

⑨光明：半透明漆，可加广油，适合调制偏红色的不透明的色漆。

⑩黄明：加入藤黄水溶液的特透明漆，可以用来作为漆器金面的笼罩漆漆料。

⑪其质兮坎，其力负舟：坎为《易经》八卦之一，象征水，“其质兮坎”意指漆的质性像水一样。这里指原生漆如浅水负大舟般无力，而熟漆则如深水可负大舟，作用大，使用范围更广。

[解读] 湿漆是生漆和熟漆的总称。来自原始野生的大木漆树的漆液稠，栽种的小木漆树的漆液淳，未经炼制过的，称为生漆坯。漆树上割下的生漆坯经过炼制的，称为熟漆。熟漆有揩光漆（提庄漆）、红推光漆、黑推光漆、半透明漆、透明漆等。熟漆的炼制一般有曝晒和煎熬两种方法，前者使用较多。

福州称“揩光”工序为“揩青”。福州方言“青”即“黑”的意思。“揩光漆”，福州称为“提庄漆”。“提庄漆”实际上是经提纯至最高级

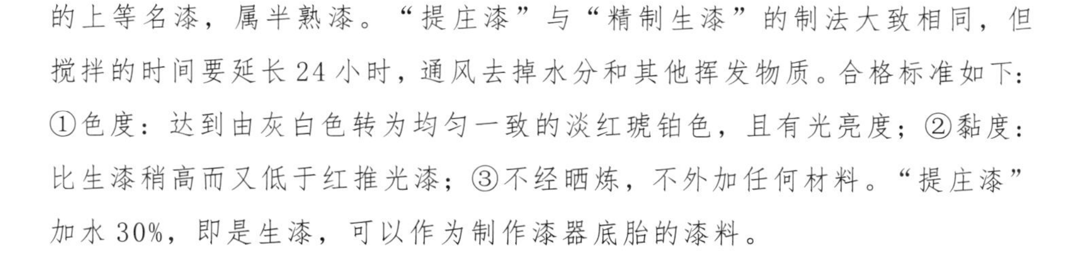

的上等名漆，属半熟漆。“提庄漆”与“精制生漆”的制法大致相同，但搅拌的时间要延长24小时，通风去掉水分和其他挥发物质。合格标准如下：①色度：达到由灰白色转为均匀一致的淡红琥铂色，且有光亮度；②黏度：比生漆稍高而又低于红推光漆；③不经晒炼，不外加任何材料。“提庄漆”加水30%，即是生漆，可以作为制作漆器底胎的漆料。

［**工艺工序**］

福州“红推光漆”的精制工艺

1. 将原生漆过滤两次，第一次用粗麻布过滤，第二次用细麻布再过滤一次。

2. 晾制：将过滤干净的漆液静置于晒漆盆内（平底大盆）。边搅拌边加少量的水。搅拌的目的是改变原生漆的性能，通过慢慢的搅拌，增加生漆漆膜表面的硬度和亮度。同时使生漆各成分更加均匀，增加使用时的流平性。搅拌24小时。

3. 晒制：传统是在阳光下晒制，现在一般用红外灯。将灯平均分布在漆盆上，离漆面距离以温度计为准，在40℃—45℃之间。晒制前，在晾制好的半熟漆内加一成水。边搅拌视情况是否需加水，但要严格控制入水量。以色相、黏度、流平性来鉴别熟化的程度，加水的总量控制在20%以内。同时要严格控制温度。高温会烤坏生漆。其实，晒制就是脱水的过程。晒制时要连续不停地搅拌，使生漆充分融合，化学上叫物质氧化再聚合。晒制时间一般为3小时左右为宜。当漆色里的水晕痕迹慢慢消失，漆色表里一致为红褐色时即可停止晒制。红推光漆的含水量都在3%—8%之间，漆液极其浓厚，一般两公斤标准生漆才能加工一公斤的红推光漆。

福州“黑推光漆”的精制工艺

1.制法与红推光漆相同，只是搅拌后的色相更为深棕色，黏度更高，

搅拌时间更长一点。

2.炼制末期加入5%的氢氧化亚铁，漆色转为黑色。

福州“透明漆”的精制工艺

1.晒制温度在30℃—45℃之间。

2.搅拌晒制的时间不超过3小时，防止晒黑。

3.漆色为清澈、光亮、表里一致为琥珀色时，即为半透明漆。

4.为了增加透明度，晒制末期加5%—10%的藤黄溶液。与红推光漆相对比，漆的色泽更为浅也更为透明。（红推光漆里加20%的广油，也可配制成透明漆。）

34 [**黄文**] 海大，即曝漆盘并煎漆锅[①]。其为器也，众水归焉。

[**杨注**] 此器甚大，而以制熟诸漆者，故比诸海之大，而百川归之矣。

[**注释**]

①海大，即曝漆盘并煎漆锅：晾晒生漆的平底大盘和煎熬生漆的锅，是精制熟漆的用具。所有生漆炼制成熟漆都离不开这些用具。

[**解读**] 曝漆盘和煎漆锅是炼制生漆的用具。

35 [**黄文**] 潮期，即曝漆挑子[①]。鳝尾反转，波涛去来[②]。

[**杨注**] 鳝尾反转，打挑子之貌。波涛去来，挑翻漆之貌。凡漆之曝熟有佳期，亦如潮水有期也。

［**注释**］

①潮期，即曝漆挑子：即晾晒生漆时的搅拌工具。

②鲭尾反转，波涛去来：生漆晾晒时，不断被搅拌翻转，翻转时生漆会不断变色，如鲭鱼在波涛里来去，比喻很形象生动。

［**解读**］“曝漆挑子”是加工生漆晾晒时的搅拌工具，有木制的、竹制的、铁制的。

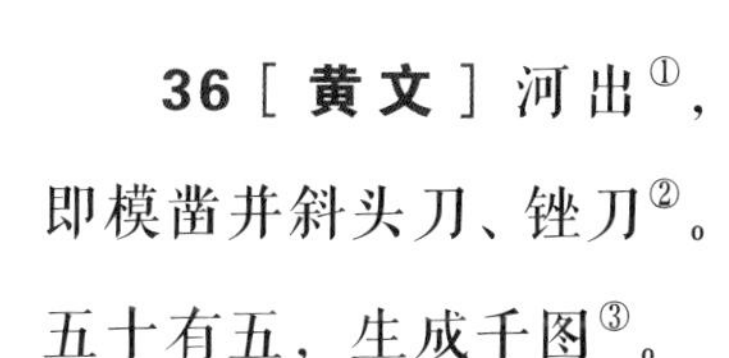

36［黄文］河出①，即模凿并斜头刀、锉刀②。五十有五，生成千图③。

［**杨注**］五十有五，天一至地十之总数，言甸片之点、抹、钩、条，总五十有五式，皆刀凿刻成之，以比之河出图也。

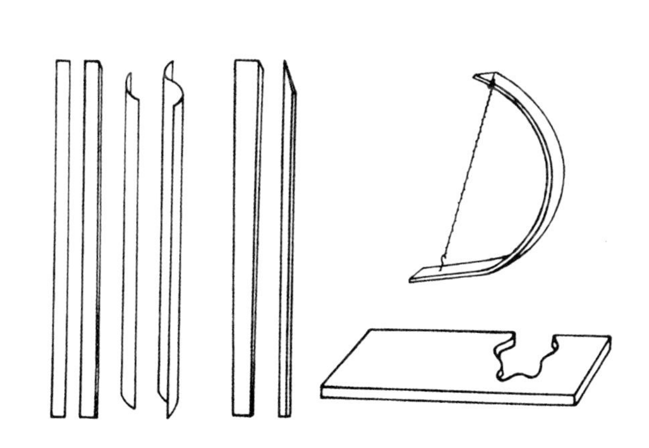

螺甸凿刻工具（陈伟凯摄）

［**注释**］

①河出：出自《易·系辞上》：“河出图，洛出书，圣人则之。”其中的“河出图”，相传上古伏羲氏时，在洛阳东北孟津县境内的黄河中浮出龙马，背负“河图”，献给伏羲，伏羲依此而演八卦。

②斜头刀、锉刀：斜头刀、锉刀都是切割蚌螺片的工具。

③五十有五，生成千图：用工具凿刻出来的各种不同式样的蚌螺壳片纹样的部件如点、抹、钩、条等有几十种，这些部件可拼合成式样各异的图案，镶嵌在漆器上。

[解读] 模凿、斜头刀、锉刀都是凿刻、裁切蚌螺壳片纹样的工具。"模凿"这种类似模子的雕刻刀，是根据所需蚌螺壳片纹样的形状打制的。在蚌螺片上，用不同形状的模凿，可凿刻出点、抹、钩、条等不同的部件。同一模凿凿刻出来的部件，式样一样，不但免去了每一片都要量着裁切的工时，还加快了切割的速度。

37 [黄文] 洛现①，即笔觇并揩笔觇②。对十中五，定位支书③。

[杨注] 四方四隅之数皆相对。得十而五，乃中央之数。言描饰十五体④，皆出于比觇中，以比之龟书出于洛也。

[注释]

①洛现：传说禹时，洛河中浮出神龟，背驼"洛书"，献给大禹。大禹依此治水成功，遂划天下为九州。又依此定九章大法，治理社会。

②笔觇并揩笔觇：笔觇是漆器画工彩绘漆器时的用具，既盛放不同色漆的碟子，也可供漆画笔揩笔用。

③对十中五，定位支书：在彩绘的漆器上落款（写字）要注意书写定位的重要性。并以"洛书"为例，展示画面构图平衡和谐的美感。

④言描饰十五体：指书法字体如篆、隶、草、楷、行等。十五体不是实指。

[解读] 在彩绘的漆器上落款（写字）也是使用漆画笔觇这种工具。程序如下：按照字数多少，决定采用何种书法字体，（因字体不同，占位也不同。）在漆器上定下书写的位置。一般的格式是这样：竖式，右上角是作品的名称，中间是彩绘，左下角是作品的作者，完成的时间、地点。定位要准确，整个画面构图才平衡和谐。

[**工艺工序**]

福州脱胎漆器髹饰技法“彩绘落款”的工艺流程

1. 确定落款的字数与书写的字体。

2. 在彩绘的漆器画面上用记号笔打格子，确定书写的位置。这步很重要。

3. 确定书写的漆料，有两种：一种是色漆料，选定颜色的色漆直接写上去即可，另一种是金字，用真金箔或代用金箔。金字工序如下：“金底漆”里加点黄色漆，将字体描写出，入荫房，字体漆面结膜但一定要有黏尾的最佳贴金时间，贴上金箔或金粉，用脱脂棉轻轻敷擦、压实即可。

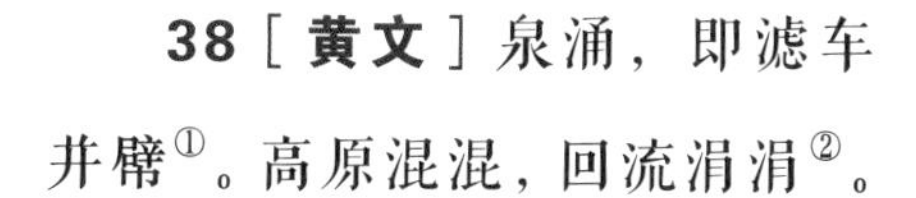

38 [**黄文**] 泉涌，即滤车并幦①。高原混混，回流涓涓②。

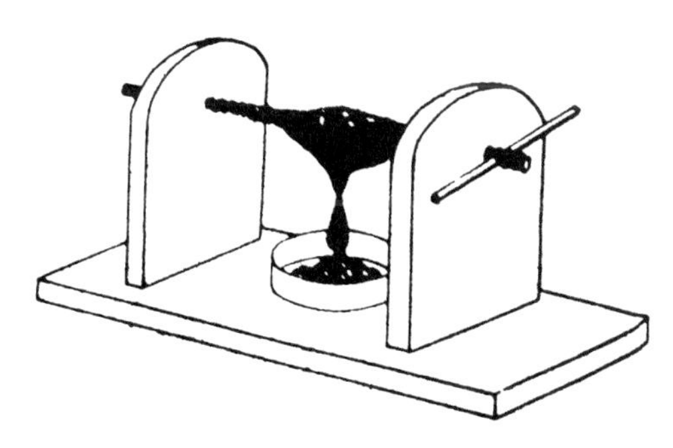

滤漆架子

[**杨注**] 漆滤过时，其状如泉之涌而混混下流也。滤车转轴回紧，则漆出于布面，故曰回流也。

[**注释**]

①泉涌，即滤车并幦（mì）：滤车，即绞漆架子。幦，古代车前横木上的覆盖物，这里指滤漆用的麻布或其他布料。

②高原混混，回流涓涓：用细麻布裹漆，细麻布两头缠入绞漆架子的绳圈，逐渐紧绞，麻布里的漆液就涓涓流下。

[**解读**] 这里说的是漆工用的绞漆架子和过滤漆液的细麻布。

［**工艺工序**］

福州脱胎漆器“滤漆”工艺的流程

1. 准备好绞漆架和一块宽60厘米、长70厘米的细麻布。将细麻布浸泡水中两天，揉洗掉粉浆，晾干，待用。

2. 将脱脂药棉撕下薄薄的一层，均匀地铺成与滤漆夏布同大的一块。药棉层不能厚，否则漆不好滤下。

3. 将那片薄棉饼放在细麻布之上，薄棉饼在上，麻布在下，展开放在大碗上，把漆液倒入，裹紧，使漆液不外泻。

4. 裹紧的夏布两头各缠入绞漆架子的两头绳圈，两头绳圈反向旋转，逐渐紧绞，漆液受到挤压，滤出。

视髹漆要求可照此法重复再过滤一次，以使漆液更为精细无尘粒。

39［黄文］冰合，即胶①。有牛皮②，有鹿角③，有鱼膘④。两岸相连，凝坚可渡。

［**杨注**］两岸相连，言二物缝合凝坚。可渡，言胶汁如冰之凝泽，而干则有力也。

［**注释**］

①冰合，即胶：制作木质漆器坯胎的黏合胶水。

②牛皮：牛皮胶，用牛皮熬炼而成的黏胶。

③鹿角：鹿角胶，用鹿角熬炼而成的黏胶。

④鱼膘：以鱼脬（pāo）制成的黏胶。

［**解读**］黏合木质漆器坯胎用的胶水有：牛皮胶、鹿角胶、鱼膘胶。

其中以鱼脬制成的鱼膘胶，用来粘合木坯比较坚固耐久。

福州木工过去制作木质漆器坯胎都是用生漆调面粉来黏合，俗称“生漆面”。“生漆面”不怕水，坚固不脱离。

楷法[1]第二

［**杨注**］法者，制作之理也。知圣人之意而巧者述之[2]，以传之后世者列示焉[3]。

［**注释**］

①楷法：法式，典范，这里指漆器制作的原理和标准。

②知圣人之意而巧者述之：能工巧匠不但能按照古代圣贤制作漆器的原理和标准去制作漆器，还能把这个原理和标准传述给后人。

③以传之后世者列示焉：把漆器制作的原理和标准一一列示明白，传给后世的人。

［**解读**］这一章讲的是漆器制作的原理和标准以及漆工比较容易犯的过失和各种过失的原因。把它放在第二章，是为了更好地警示后人。

40 三法

［**黄文**］巧法造化[1]

［**杨注**］天地和同万物生，手心应得百工就[2]。

［**注释**］

①巧法造化：效法模拟天地间花卉、飞禽、走兽、山水等自然形态为漆器纹样的髹饰，并运用天然的材料制作漆器。

②天地和同万物生，手心应得百工就：天地风调雨顺，则万物顺利生长。百工要掌握得心应手的技术，才能心想事成，顺利制作出各种器物。

[**黄文**] 质则人身①

[**杨注**] 骨肉皮筋巧作神，瘦肥美丑文为眼②。

[**注释**]

①质则人身：质，实体，器物。则，准则，也可理解为“效法”。人身，指人体的构造。这里指器物的制作要像人体结构一样骨肉相连、胖瘦得体。

②骨肉皮筋巧作神，瘦肥美丑文为眼：(1) 骨，指漆器的胎骨。（如木胎、布胎、瓷胎、金属胎等）(2) 筋、肉、皮，是指漆器地底的制作。筋，麻布裱褙工序。肉，指漆器地底粗灰、中灰、细灰的工序。皮，指糙漆、中漆、麭漆的工序。(3) 文，指漆器表体纹样的髹饰，要求华美有文采。整句的意思是要求漆器的制作，不但底胎的制作要造型完美、坚固，表体的髹饰更要华丽有文采。

[**黄文**] 文象阴阳①

[**杨注**] 定位自然成凸凹，生成天质见玄黄②。法造化者，百工之通法也③。文质者，髹工之要道也④。

[**注释**]

①文象阴阳：漆器表面光素无纹饰的髹饰为阴，有纹饰而凸起于漆面的为阳。

②定位自然成凸凹，生成天质见玄黄：用阴阳凹凸为漆器的髹饰纹样确定分类的标准。玄黄是天地的代称，天为阳，地为阴，师法天地，崇尚自然。阴阳凹凸，纹样自然，如天生地设一样。

③法造化者，百工之通法也：运用天然的材料，模拟天地间的自然形态，得

心应手地制作器物，是百工通用之法。

④文质者，髹工之要道也："巧法造化"是百工的通法，"质则人身"和"文象阴阳"则是漆工制作漆器要知道的重要的道理。

［解读］"巧法造化，质则人身，文象阴阳"三法，是从漆器的设计、材料、工艺，以及漆器饰法分类等方面提出的三个标准。1. 巧法造化：崇尚自然，以花卉、飞禽、走兽、山水等天地自然间万物为装饰设计的纹样，并运用天然的材料制作漆器；同时要掌握得心应手的制作漆器技术。2. 质则人身：漆器的制作从底胎造型、地底制作、表体纹样的装饰，一环扣着一环的工序都要做到位，缺一不可。要本着认真敬业、一丝不苟、精益求精的工作态度来制作漆器。3. 文象阴阳：以漆器髹饰纹样的阴阳凹凸为标准，确定漆器表体饰法的分类。漆器上光素无纹样的髹饰为阴，有纹样的髹饰为阳。有纹样的髹饰又有"阴阳"之分，称为"纹中阴"和"纹中阳"。"纹中阴"：在漆面上刻凹陷的花纹，然后用色漆或金或银填平的；用蚌螺片纹样、金片或银片纹样镶嵌漆地，然后上漆磨平的；用稠漆在漆地上起纹样，然后用漆填入磨平的。"纹中阳"：用漆或漆灰堆出花纹，不用刀雕琢的；用漆灰堆起纹样加以雕琢的；在色漆堆起的平面漆胎上雕漆的。

41 二戒

［黄文］淫巧荡心①

［杨注］过奇擅艳，失真亡实②。

［注释］

①淫巧荡心：过分追求材料的堆彻和技术的奇巧为审美标准，动摇了朴实的崇尚造化自然美的审美观念。

②过奇擅艳，失真亡实：一件好的漆器作品，每道工序都要严格按照规定的标准操作，如果只偏重追求漆器表面装饰的艳丽，而放弃了其他工序的制作要求，不牢不真，则制作的漆器就失掉了真正面市的价值。

[**黄文**] 行滥夺目[①]

[**杨注**] 其百工之通戒，而漆匠尤须严矣[②]。

[**注释**]

①行滥夺目：行，做的意思。滥，失真，粗劣不耐用。夺目，华而不实，徒有其表。全句的意思是，只追求表面浮夸的髹饰，放弃了扎扎实实从坯胎、地底制作等一系列漆艺制作的技术要求，让不牢不真、华而不实的漆器面市。

②其百工之通戒，而漆匠尤须严矣：以上二戒是百工通行的戒律，对漆工而言，尤其要严格遵守。

[解读] 放弃朴实的崇尚造化自然美的审美观念，放弃从坯胎、地底制作等一系列工序严格制作的标准，只偏重追求漆器表面髹饰的艳丽，这样的结果，只会制作出不牢不真，失掉真正艺术价值的漆器。“淫巧荡心”和“行滥夺目”这“二戒”是漆工制作漆器要自觉严格遵守的两条戒律，也是当时制作漆器行业人的共识。只有遵守这样的规则，漆器行业才会得到良性、健康的发展，过去是，现在也是。

42 四失

[**黄文**] 制度不中[①]

[**杨注**] 不鬻市[②]。

［**注释**］

①制度不中：指采用不合格的材料和不按照规定的工序制作漆器，即偷工减料。

②不鬻市：鬻，卖的意思。不能拿到市场上去卖。

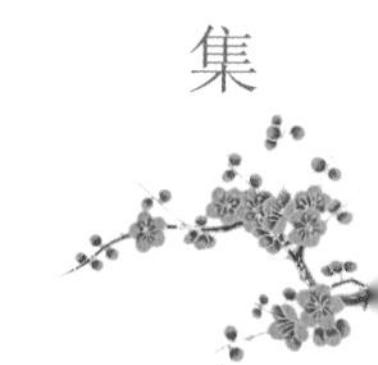

［**黄文**］工过不改[①]

［**杨注**］是谓过[②]。

［**注释**］

①工过不改：在漆器制作的过程中发现毛病不及时纠正。

②是谓过：是一种不负责的过错。

［**黄文**］器成不省[①]

［**杨注**］不忠乎[②]？

［**注释**］

①器成不省：漆器制作完成后，没有反复检视，总结好坏经验。

②不忠乎：对待漆器的制作不够敬业。

［**黄文**］倦懒不力[①]

［**杨注**］不可雕[②]。

［**注释**］

①倦懒不力：工作疲沓，没有责任心。

②不可雕：不可造就。

[解读]“四失”主要是讲漆工对从事漆器这一行业的认识和态度。

1.制作漆器不能偷工减料，更不能拿此类不合格的漆器到市场上去卖。这是漆工要遵循的准则。

2.在漆器制作的过程中如发现配料不当或操作失误，要及时纠正，减少误工损料的损失。这是强调认真负责敬业的工作态度。

3.漆器制作完成后要反复检视，总结经验，精益求精。这是提倡一丝不苟、认真钻研漆艺的精神。

4.工作疲沓，没有责任心，这种工作态度的人，不会造就成为合格的漆工。合格的漆工知道制作一件合格漆器的不易，对漆艺有油然而生的敬畏感。

43 三病

[**黄文**] 独巧不传[①]

[**杨注**] 国工守累世，俗匠擅一时[②]。

[**注释**]

①独巧不传：独自掌握一门技术技巧，秘不传人。

②国工守累世，俗匠擅一时：国之工匠对自己的技艺信心满满，不怕被超越，看重的是漆艺的传承和发扬光大。平庸的工匠独自掌握一种技术技巧，秘不传人，看重的是自己一时的名和利。

[**黄文**] 巧趣不贯[①]

[**杨注**] 如巧拙造车，似男女同席[②]。

［**注释**］

①巧趣不惯：一件漆器各部分的髹饰趣味不一样，缺乏统一的和谐和完整。

②如巧拙造车，似男女同席：如巧匠与拙工同造一部车，因为他们所掌握的技法和审美情趣的不一致，制造出来的车虎头蛇尾不谐调、不美，如同男女公开亲热不雅观、无美感一样。

［**黄文**］文彩不适[1]

［**杨注**］貂狗何相续，紫朱岂共宜[2]。

［**注释**］

①文彩不适：纹样图案与色彩整体不谐调、不统一。

②貂狗何相续，紫朱岂共宜：朱红在古代是属于纯正色，紫为蓝红合成的混杂色。图案与色彩的不谐调，就像狗尾续貂尾、紫色替代朱色一样毫无美感。

［**解读**］“三病”指的是漆工漆艺术的修养。漆艺术的修养包括漆工的思想认知和实践经验：

1. 漆工心理境界上的局限性。真正的国之工匠看重的是漆艺的传承和发扬光大，而庸俗的工匠独占工艺，秘不传人，看重的是一时的名利，目光短浅，心胸狭隘。

2. 漆器各部分的设计和制作风格要完美统一，否则如“巧拙造车、男女同席”一样，缺乏“养眼”的美感。这里强调设计要以漆工艺的特质为依据，反之，漆工艺要为彰显设计而制作，两者要有完美的统一。

3. 漆器上的图案、色彩的设计与制作要统一谐调，否则就像狗尾续貂，缺乏统一和谐的美感。这里强调的是纹样与色彩相辅相成、密不可分的关系。

作者强调了真正的国之工匠所具备的素养：不但掌握精湛的技术，还具备传承漆艺术的大公无私的情怀。

44 六十四过[1]

［注释］

①从第48“麬漆之六过”起至第72“补缀之二过”止，共计“六十四过”。它们都是漆器制作工艺中的过失。

45 麬漆之六过

［黄文］《说文》曰：“麬漆，垸已[2]，复漆之也。”

［注释］

①“麬漆”：指漆器地底制作的最后一道面漆。漆器地底漆灰工序结束后刷第一道面漆称“糙漆”，第二道薄漆称“中漆”，最后一道面漆称“麬漆”。“麬漆”打磨后，漆器的地底制作的工序就结束了。漆面好的“麬漆”也可以进行研磨、推光、揩光工序。

②“垸已”：指漆器地底的漆灰工序全部结束。垸，垸灰，指上漆灰的工序。所有漆器地底的漆灰工序都可笼统称为“垸灰”。

［黄文］冰解[1]

［杨注］ 漆稀而仰俯失候，旁上侧下，淫泆之过[2]。

［注释］

①冰解：漆地上刷的漆液，如冰雪融解，下垂流淌。

②漆稀而仰俯失候，旁上侧下，淫泆之过：全句说的是冰解的原因：一是“漆稀”，漆液里稀释剂掺太多（如松节油之类），而漆器立面刷的漆层又较厚不均，致使漆

液下垂流淌 二是“仰俯失候，旁上侧下”，漆器的立面上漆，在漆面未结膜之前，没有定时上下翻转，立面的漆液就会下垂流淌。

[**黄文**] 泪痕[1]

[**杨注**] 漆慢而刷布不均之过[2]。

[**注释**]

①泪痕：漆面上呈现泪珠状下垂的痕迹，一般是在漆器的立面。

②漆慢而刷布不均之过：漆液干性慢，漆面凝固结膜也慢，漆又刷得较厚、不均匀，故漆器立面的漆液慢慢下垂凝固，形成泪珠状。

[**黄文**] 皱散[1]

[**杨注**] 漆紧而荫室过热之过[2]。

[**注释**]

①皱散（què）：漆面不平滑，紧缩起皱。

②漆紧而荫室过热之过：漆液干得快，称为“紧”；干得慢，称为“疲”。湿热可以促使漆液的表面结膜，但荫房湿度超过 80%，使漆液紧缩，干得太快，则漆面就会起皱。所以，一旦荫室里湿度过高，应及时将器物退出来。

[**黄文**] 连珠[1]

[**杨注**]隧棱，凹棱也。山棱，凸棱也。内壁，下底际也。龈际，齿根也。

漆潦之过[2]。

［**注释**］

①连珠：漆器的隧棱、凹棱、内壁下底交界等处出现漆液皱缩成一连串的小珠。上漆工序的这一过失“连珠”因其形状而得名。

②隧棱，凹棱也。山棱，凸棱也。内壁，下底际也。龈际，齿根也。漆潦之过：句中的各个部位，都是漆液容易流集的地方，易造成“连珠”。

［**黄文**］ 颣点[1]

［**杨注**］髹时不防风尘，及不挑去飞丝之过[2]。

［**注释**］

①颣（lèi）点：俗称粗粒、尘点。指漆液结膜干后漆面上的小粗粒、小尘点。

②髹时不防风尘，及不挑去飞丝之过：上漆工作环境不防尘，灰尘多。尘粒落入湿漆面上，没有及时挑去，漆面干后就会有许多小粗点。

［**黄文**］刷痕[1]

［**杨注**］漆过稠而用硬毛刷之过[2]。

［**注释**］

①刷痕：漆液干后，漆面上呈现出一道道明显的漆刷毛的痕迹。

②漆过稠而用硬毛刷之过：漆面出现刷痕的原因：一是漆液太稠（浓），流平性不好，容易留下刷痕；二是漆刷的毛不够柔顺、硬或有缺口等，也会造成刷痕。

[解读] 麭漆是漆器地底的最后一道面漆。漆面要达到肥厚、无刷痕、无起皱、无下垂、无颣点、无连珠的程度，除了在操作上要注意避免上述的六种毛病，还要求在配料上要严格按照漆与油的比例配比，油性物质不得超过30%（广油10%、松节油20%）。油与漆配比后，漆面结膜快干时间要求4至5小时，同时还要注意荫房的温度和湿度等。

漆面发生漆皱的主要原因有：一是漆料未调配好；二是刷漆技术未掌握好。

46 色漆之二过

[黄文] 灰脆[1]

[杨注] 漆制和油多之过[2]。

[注释]

①灰脆：漆地上，色漆干后，出现了如漆灰（低劣生漆所调的漆灰）那样的龟裂、脱落的现象。

①漆制和油多之过："灰脆"的原因是色漆里油和颜料的分量超过常规的比例，导致漆膜干固后附着力差、易脆裂脱落。

[黄文] 黯暗[1]

[杨注] 漆不透明，而用颜料少之过[2]。

[注释]

②黯暗：黯，深黑色。"黯暗"指色漆色彩不鲜明。

②漆不透明，而用颜料少之过：色漆的色彩不鲜明的原因有：一是透明漆色

泽不够通透；二是入漆颜料不足，达不到色相的标准。

[解读] 色漆的主要成分是较为通透的红推光漆、广油、颜料。色漆的配制有两种：一种为“推光”类色漆，一种为非“推光”类色漆。1.“推光”类的色漆因要进行研磨、推光工序，要求漆面硬度经得起研磨、推光工序，故入漆广油不可超过15%。2. 非“推光”类色漆，不要求研磨、推光工序，故漆中可多入油。色漆的配制以6小时左右漆面结膜、24小时漆面无粘尾为标准，入油分量不超过35%。

色漆配制的要点是：选择较为通透的红推光漆；广油和颜料的入漆量精准。

47 彩油之二过

[**黄文**] 柔粘①

[**杨注**] 油不辨真伪之过②。

[**注释**]

①柔粘：彩油结膜粘手、沾粘不干。

②油不辨真伪之过：彩油软粘难以结膜干固的原因是桐油原料的成分不纯、掺假。

[**黄文**] 带黄①

[**杨注**] 煎熟过焦之过②。

[**注释**]

①带黄：“油色”的漆面发黄不清透。

②煎熟过焦之过：漆面发黄不清透的原因是用了快临界焦化程度的桐油调颜料。临界焦化程度的桐油炼制温度过了临界点，致使桐油色泽发黄、不通透，所以调出来的“彩油”色彩也不鲜明亮丽。

[解读]“彩油”即“油色”，是用炼制过的加催干剂的熟桐油调配颜料而成的。要保证“彩油”的质量，首先桐油的原料要纯，不能掺假；其次桐油的炼制过程要掌握好火候及催干剂的配比标准，才能避免发生柔粘、带黄的现象。

生桐油的炼制：直接用火加热，一般油的温度超过280℃，就会黏结、冻胶、焦化，导致报废（见76）。

48 贴金之二过

[黄文] 癜斑①

[杨注] 粘贴轻忽漫缀之过②。

[注释]

①癜斑：皮肤上长紫斑或白斑的病。这里指漆器的贴金面上出现的斑块。

②粘贴轻忽漫缀之过：贴金面出现癜斑的原因是：贴金时不够认真；缺少贴金的经验。这一条要求要有贴金的技术，还要有认真地贴金的工作态度。贴真金要很考究，后一张金箔一定要盖住前一张的边沿，如遇不完张的金箔，一定要再用一张复盖。如果不这样做，张与张之间留有空隙，即使马上补贴金箔，金面上也会出现癜斑，影响整体美感，金面效果达不到饱满匀整的要求。

[黄文] 粉黄①

［**杨注**］衬漆厚而浸润之过[②]。

［**注释**］

①粉黄：金面不是金黄，是粉黄，显示不出黄金的平滑莹亮美感。

②衬漆厚而浸润之过：金面粉黄的原因是："金底漆"刷得太厚，虽表面漆液结膜，但结膜底下的漆未干，贴金时，金箔压破漆面的结膜，底下的漆液就会侵蚀到金面。金箔一被湿漆液侵蚀，就失去了莹亮的效果，金面就会变得粉黄色而不是金黄色。

［**解读**］

金箔是漆器髹饰中最昂贵的材料之一。漆工不但要具备相应的贴金技术，还得有认真严谨的工作态度。贴金分为平面贴金和纹样贴金。这里着重强调纹样贴金。贴金时，视纹样的凹凸程度，一般的纹样，要同时复盖两张金箔，凹凸深的或特深的纹样，一次同时复盖三张或更多张金箔；这样金面才不会出现瘢斑。宁多勿少，碎金屑可留他用。

49 罩漆之二过

［**黄文**］点晕[①]

［**杨注**］滤绢不密及刷后不挑去纇之过[②]。

［**注释**］

①点晕：干后漆面上的小尘点。

②滤绢不密及刷后不挑去纇之过：干后结膜的漆面有尘点，原因有：一是漆液没有过滤干净；二是刷漆时，没有及时挑去漆面上的尘点；三是刷漆的环境不防尘，上漆待干的漆器不是置放在无尘荫房。

［**黄文**］浓淡[1]

［**杨注**］刷之往来，有浮沉之过[2]。

［**注释**］

①浓淡：透明漆面上漆的漆层厚薄深浅颜色不均。

②刷之往来，有浮沉之过：浮，浅（薄）。沉，深（厚）。上透明漆时，布漆厚薄不均，运刷轻重不一，导致透明漆面干固后的漆层颜色呈现出浓淡深浅不均。

［解读］要避免罩漆之二过，漆工要做到以下几点：1. 讲究漆的过滤这道工序。2. 选择在无尘的环境下上漆。3. 上漆时，及时挑去湿漆里的尘点。4. 漆工要练好上漆的基本功，布漆厚薄均匀，运刷轻重一致。

50 刷迹[1]之二过

［**注释**］

①“刷迹”是漆器的一种纹样髹饰技法。就是用专门刷迹的刷子，蘸漆料刻意在漆地上留下刷子的痕迹，来作为漆器表面髹饰的纹样。以漆地上留下行云流水般的刷迹为最佳效果。这里是指“刷迹”工艺的两个过失。

［**黄文**］节缩[1]

［**杨注**］用刷滞，虷行[2]之过。

［**注释**］

①节缩：“刷迹”时，胸无成竹，运刷滞涩，似孑孓跳行，刷迹抖抖索索。

②虷（gán）行：虷，孑孓，即蚊子的幼虫。“节缩”的刷迹如蚊子的幼虫在水中游起，翻上翻下，不直行流畅。

［**黄文**］模糊[1]

［**杨注**］漆不稠紧，刷毫软之过[2]。

［**注释**］

①模糊：漆地上的“刷迹”纹样模糊不清。

②漆不稠紧，刷毫软之过：“刷迹”模糊的原因有：一是漆不稠紧，漆液太稀而且慢干，刷迹流淌，互相侵界；二是刷毫软之过，“刷迹”的漆刷毛太软，不够坚挺，漆面刷迹的深度不够而致使漆面出现模糊的纹样。

［解读］漆地上“刷迹”纹样的好坏，直接影响到“刷迹”纹样的髹饰效果。这里强调的是在做“刷迹”这道工序时要注意的三个要点：1. 要胸有成竹，掌握运刷的技术。2.“刷迹”漆料的调配要适用，干性不可太慢，凝固结膜不可太慢，否则漆液就会慢慢流淌、汇合、互相侵界而使“刷迹”模糊。3. 要挑选合适的刷子。

操作时，以上三个条件有一个达不到，“刷迹”就会因为漆液的流淌汇合而模糊不清晰、纹样不流畅，达不到行云流水般的理想效果。

51 蓓蕾[1]之二过

［**注释**］

①蓓蕾：清张璐《张氏医通》：“伤寒舌上生点名红蓓蕾。”这里指用蘸子在漆器上起凸起的小雪珠般的颗粒纹样。下面列出“蓓蕾”纹样的两个过失。

［**黄文**］不齐[1]

［**杨注**］漆有厚薄，蘸起有轻重之过[2]。

［注释］

①不齐：指漆地上起的“蓓蕾”纹样高低厚薄不一致。

②漆有厚薄，蘸起有轻重之过：“蓓蕾”纹样不齐的原因是：台板上起“蓓蕾”纹样的色料摊铺的厚薄不一致、手拿蘸子起纹样的力度轻重不一致，这两个不一致导致漆面出现厚薄高低不齐的纹样。

［**黄文**］溃痿[1]

［**杨注**］漆不黏稠，急紧之过[2]。

［注释］

①溃痿：溃，散乱，瓦解。痿，指身体某一部分失去机能的病。这里指色漆太稀，起的“纹样”无法立起，溃散不成“蓓蕾”。

②漆不黏稠，急紧之过：纹样溃散不成“蓓蕾”的原因是：纹样的漆料没有调试好，就匆忙在漆地上起“蓓蕾”，结果漆料太稀，“纹样”无法立起，溃散不成“蓓蕾”。

［解读］这一条强调的是起“蓓蕾”纹样要注意的两个要点：1. 手工操作的技术要求厚薄和轻重一致。2. 漆料配制要适用，其中浓稠度和色漆的干性都要恰到好处。

52 指磨[1]之五过

［注释］

①“揩”是指漆器的“揩光”工序，“磨”是指漆器的“磨推光”工序。“五过”是指这两个工序的操作过程中出现的五个过失。

［**黄文**］露垸[1]

［**杨注**］觚棱、方角及平棱、圆棱，过磨之过[2]。

［**注释**］

①露垸：将漆器的面漆磨穿，露出下面的漆灰层。

②觚棱、方角及平棱、圆棱，过磨之过：漆器的一些方角、棱角、线条的部位，特别容易磨损、磨穿，露出底下的漆灰层。

［**黄文**］抓痕[1]

［**杨注**］平面车磨用力及磨石有砂之过[2]。

［**注释**］

①抓痕：由于研磨的方法不正确，导致研磨后，漆面留下较深如手指在皮肤上抓痕样的磨石痕迹。

②平面车磨用力及磨石有砂之过：平面，平面漆器。车磨，用车床打磨的圆形漆器，这里指代圆形漆器。漆器研磨，漆面留有抓痕的原因有：漆面研磨用力不均；磨石有砂之过，磨推光石里含沙粒，俗称“石钉”，磨一下就有一条痕，来回磨几下，漆面上就会布满很深的钉痕。

［**黄文**］毛孔[1]

［**杨注**］漆有水气及浮沤不拂之过[2]。

［**注释**］

①毛孔：漆器地底漆灰工序结束，“糙漆”或“麬漆”后研磨，漆面上出现

毛孔一样的小粒，小粒是空心的，也就是漆液没有完全附着在漆灰面上。

②漆有水气及浮沤不拂之过：漆面出现毛孔的原因有：一是灰底水磨工序结束，灰面上的水气未完全蒸发，面漆就覆盖之上；二是漆灰底干磨工序结束，灰面上的灰没有清除干净，下一道漆就覆盖之上。

［**黄文**］不明①

［**杨注**］揩光油摩，泽漆未足之过②。

［**注释**］

①不明：指漆面光泽度不莹黑发亮。

②揩光油摩，泽漆未足之过：漆面不莹黑光亮的原因有：一是漆器“推光”工序结束后，要进行三道“揩光”工序，即“泽漆”工序，倘若“揩光”工序不足三道，漆面就达不到莹黑发亮的要求；二是上一道“推光”工序没有按要求做到润泽、滑亮，也会导致揩光漆面不亮。

［**黄文**］霉黕①

［**杨注**］退光不精，漆制失所之过②。

［**注释**］

①霉黕（dǎn）：黕，污垢。漆面推光不亮，推光面滞留霉点污垢。

②退光不精，漆制失所之过：推光面滞留霉点污垢的原因有：一是黑推光漆里含油太多，漆层硬度不够，推光后漆面就糊成一片，黯然失色；二是漆液炼制过程中，温度过高，破坏了漆液原有的坚固性，炼成所谓的“病漆”，漆面虽也能凝固结膜，但硬度不够，所以推光面不但不亮，漆面上还会滞留霉点污垢。霉点污垢来自于推光工序中的植物油和砖瓦灰。

[解读]“磨推光”和“揩光”对漆器的制作是举足轻重的工序（见70）。“磨推光”的具体操作如下：研磨时，手要捏紧推光石，平稳放在器物的漆面上，用力均衡来回推动，磨去颣点和刷痕即可。研磨过程不可急躁，眼睛要始终跟随手中的研磨动作。研磨不到位会留下颣点与刷痕。研磨过了，磨穿，会显露出漆灰底。推光石的选料要严格，石中不可含砂粒，否则就会磨出砂痕，显露抓痕。

这里还要强调漆器地底制作过程中，“糙漆”和“麴漆”工序之前的漆灰工序：干磨的漆灰粉要彻底清除干净，水磨的水气要彻底晾干，才能覆盖面漆的操作要点，防止漆器在推光工序后，漆面出现毛孔现象。

“黑推光漆”“推光透明漆”或者“色推光漆”，漆面要达到研磨、推光的硬度，广油及溶剂入漆不可超过12%，加热炼制不可过度。否则，破坏了漆液原有的硬度和坚固性，漆面就难以达到莹黑发亮的效果。

53 磨显[①]之三过

[注释]

①“磨显”，通过仔细的研磨，将预先埋藏在漆层里设定的肌理纹样磨显现出来或根据作者的意图研磨图案纹样。这里指研磨纹样工序中的三个过失。

[黄文] 磋迹[①]

[杨注] 磨磋急匆之过[②]。

[注释]

①磋迹：漆面的纹样上留下较深的磋磨痕迹。

②磨磋急匆之过：漆器上的纹样之所以会留下较深的磋磨痕迹，是因为急于求成，使用粗的磨石或粗的水砂纸来研磨。

［**黄文**］蔽隐[①]

［**杨注**］磨显不及之过[②]。

［**注释**］

①蔽隐：漆面上没有显现预设的全部纹样肌理。

②磨显不及之过：研磨不到位，没有将漆层下的肌理全部磨显出来。

［**黄文**］渐灭[①]

［**杨注**］磨显太过之过[②]。

［**注释**］

①渐灭：漆面上花纹图案破损，湮灭不清。

②磨显太过之过：漆面上花纹图案的破损，是因为过分的研磨，将预设的部分纹理磨损或磨穿露底。

［**解读**］漆器磨显工序不能急于求成，不能性急，不能疏忽大意。开始可以用较粗的磋磨石或400号水砂纸研磨，磨到漆层30%左右，就要换细磨石或600号水砂纸，最后用800至1000号水砂纸研磨。磨石或水砂纸要稳拿，一步一步慢慢将肌理纹样研磨出来，这样纹样上才不会留下磋磨的痕迹。磨显工序要十分认真，要十分明白自己想要的纹样效果。研磨不够或研磨太过都是很忌讳的事，特别是研磨太过的结果是前功尽弃。还有一点也很重要，就是每一道工序的漆料都要干透干固。漆料的硬度够，也可减少漆面研磨的痕迹。

54 描写[①]之四过

［注释］

①“描写”是用色漆在漆器上描饰出花纹来。这里是指“描写”工艺工序的四个过失。

［黄文］断续[①]

［杨注］笔头漆少之过[②]。

［注释］

①断续：画面纹样线条断断续续，不连贯。

②笔头漆少之过：画笔沾漆太少，笔触忽断忽续，致使画面线条断续不流畅。

［黄文］淫侵[①]

［杨注］笔头漆多之过[②]。

［注释］

①淫侵：画面呈现的纹样线条，色漆相互侵界，模糊不清。

②笔头漆多之过：笔头沾漆太多，画出的色漆纹理线条相互侵界，致使画面线条模糊不清晰。

［黄文］忽脱[①]

［杨注］荫而过候之过[②]。

［注释］

①忽脱：粘不住，滑脱的意思。“忽脱”是漆工中贴金工序约定的俗语。

②荫而过候之过：漆面贴金出现“忽脱”现象的原因是：荫房待干的漆器，错过最佳的贴金时间，“金底漆”太干，无粘尾，金粉或金箔粘贴不住。

［**黄文**］粉枯[①]

［**杨注**］息气未翳，先施金之过[②]。

［**注释**］

①粉枯：粉，金粉。枯，金面不饱满莹亮。

②息气未翳，先施金之过：翳，眼睛上长的膜。这里指“金底漆”漆面表面凝固结的“膜”。“金底漆”还未凝固结膜，就贴上金粉或金箔，湿漆就连带透过金面，致使金面不饱满莹亮。

［解读］本条说的是漆地上用色漆描饰花纹的四个过失，即断续、淫侵、忽脱、粉枯。色漆配制太稀也会导致“淫侵”；“金底漆”配制不当也会出现“忽脱”过失；金底漆刷太厚，贴金时，压破漆面，底下湿漆渗透上来，也会出现“粉枯”毛病。

“描写”技法要避免发生以上的四个毛病，要做到以下几点：1. 纹样色漆和金底漆的配制（见77），要十分认真谨慎试样板，以最满意的试样样板为标准来配制漆料。2. 选择最适用的画笔。3. 掌握最佳的贴金时间。4. 保持温度20℃左右、湿度80%左右的荫房温湿环境。最关键的还要有对漆艺精益求精的工作态度。

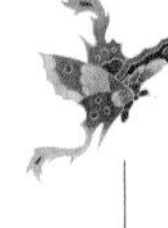

［工艺工序］

福州脱胎漆器髹饰技法里“描金纹样”的工艺工序

1. 用金底漆和色漆（入了广油的色漆）描画出花纹，入荫房待干，要求荫房温度20℃，湿度80%。待到花纹的漆面结膜，但一定要有粘尾的最佳贴金时间，贴上金粉或金箔。

2. 金底漆不宜太厚，色漆作金底漆也是如此，否则会出现金面“粉黄”的过失（见48）。

55 识文[①]之二过

［注释］

①“识文”是在漆地上用漆或漆灰堆描纹样，不用刻刀雕琢。这里讲的是“识文”工艺工序中的两个过失。

［黄文］狭阔[①]

［杨注］写起轻忽之过[②]。

［注释］

①狭阔：漆地上的纹样宽窄不匀称。

②写起轻忽之过：不匀称的纹样是因为描画轻心随意，胸无成竹。

［黄文］高低[①]

［**杨注**］稠漆失所之过[2]。

［**注释**］

①高低：漆地上堆出的纹样忽高忽低。

②稠漆失所之过：纹样忽高忽低的毛病是由于漆料配制不当。“堆漆”的漆灰太稀，致使纹样坍塌，高度不一。

［解读］“识文”的技法是在漆地上直接用漆或漆灰堆描出纹样，不用刻刀雕饰（多半用漆描画，见102）。要求操作者不但要有认真严谨的工作态度，还要有熟练掌握“识文”技法的操作技巧和其工艺的漆料配制。

福州堆描纹样的材料除了用漆、灰（炭粉）、明油等，还有用立得粉加白乳胶。把立得粉与白乳胶调成稠浓状态，从细孔中挤出，附着于画面并凝结成形，不散即可。干固后，上“金底漆”贴金。

56 隐起[1]之二过

［**注释**］

①“隐起”即堆起，是在漆地上用漆灰堆起纹样再加以雕琢。这里列出的是“隐起”工艺工序的两个过失。

［**黄文**］齐平[1]

［**杨注**］堆起无心计之过[2]。

［**注释**］

①齐平：漆灰堆起雕琢的花纹，刻板呆滞，不鲜活。

②堆起无心计之过：刻板呆滞不鲜活的纹样是由于事先没有用心去设计，制作时又没有严谨的态度和熟练的技巧。

[**黄文**] 相反[①]

[**杨注**] 物象不用意之过[②]。

[**注释**]

①相反：堆起的纹样失真，与自然物象的形象相反。

②物象不用意之过：堆起的纹样与自然物象相违背的毛病，是因为作者对自然物象缺乏细致的观察，心中无数，想当然；没有掌握良好的堆塑雕琢的技巧。

[解读]“隐起”技法里的“漆灰”与漆器制作地底的“漆灰”的配料不一样。漆器制作地底的“漆灰”是由生漆和砖瓦灰构成，而“隐起”技法所用的“漆灰”和“冻子”（冻子配方见113）的配料很接近。因要用刀雕琢而成，故要求“漆灰”柔韧、筋道。

“隐起”技法还要求操作者要有认真敬业的工作态度，同时还要掌握熟练的堆塑雕琢技巧。操作前一定要用心设计图案稿子，然后必须按照设计的图案去做。这样才不会发生“齐平”和“相反”的过失。

57 洒金[①]之二过

[**注释**]

①“洒金”的技法，是将金箔、银箔碎片洒在黑漆或色漆的漆面上，一般用来髹饰漆器方盒、圆盒等的里壁。这里指的是“洒金”工艺工序的两个过失。

［**黄文**］偏累[①]

［**杨注**］下布不均之过[②]。

［**注释**］

①偏累：洒金时，金箔银箔碎片集中于某一处重叠起来。

②下布不均之过："偏累"的毛病是由于金箔银箔的碎片播撒不均，致使有的地方稀疏，有的地方密集，甚至重叠起来。

［**黄文**］刺起[①]

［**杨注**］麸片不压定之过[②]。

［**注释**］

①刺起：金箔银箔碎片不是服帖地黏在漆面上，而是有的一角翘起，有的两角翘起。

②麸片不压定之过："刺起"是由于金箔银箔碎片撒在湿漆面上，漆面干固后，没有用脱脂棉压实，并用羊毛刷子小心清除漆面碎片的结果。

［解读］"洒金"的工具是筒罗，筒罗的疏密视所需的金箔或银箔屑块的大小而定，具体操作见16。

"洒金"技法的要点：一是要播撒均匀，二是洒金漆面干固后要压实金屑，并清除干净漆面的金银箔碎片。

58 缀蚼[1]之二过

［注释］

①"螺钿"又称"缀蚼"，就是把蚌螺壳片的纹样镶嵌在漆器上的髹饰技法。"二过"指漆器上"蚌螺镶嵌"工艺中容易犯的两个过失。

［黄文］ 麤细[1]

［杨注］ 裁断不比视之过[2]。

［注释］

①麤（cū）细：麤，同"粗"。加工出来的蚌螺片纹样的部件粗细不一。

②裁断不比视之过：蚌螺片的每一次选料、镂锉、裁断，都是以一个纹样标准形为依据的。如果不严格以纹样标准形为准，那加工出来的纹样部件就会大小粗细不一。

［黄文］ 厚薄[1]

［杨注］ 琢磨有过不及之过[2]。

［注释］

①厚薄：加工出来的蚌螺片纹样的部件厚薄不一致。

②琢磨有过不及之过：蚌螺片磨锉不是太薄就是太厚，或者一组中纹样厚薄不一致。

［解读］ 蚌螺片的选料、镂锉、裁断一定要以设定纹样的色彩、大小、厚薄为标准，这样才能为后面的髹漆、磨显工序打好基础。否则髹漆研磨

后漆面就会出现螺片纹样色彩不统一，纹样薄的部分隐藏在漆层底下，显现不出来，纹样厚的部分高出漆面，使漆面不平滑，削弱了“螺钿”工艺的艺术效果。

59 款刻[1]之三过

［注释］

①款刻：“款”即是刻的意思，指在漆面上刻凹下去的花纹。这里指“款刻”工艺工序中的三个过失。

［黄文］ 浅深[1]

［杨注］ 剔法无度之过[2]。

［注释］

①浅深：刀路忽浅忽深，纹路不顺畅。

②剔法无度之过：纹路深浅不一，是刀功不熟练之故。

［黄文］ 绦缕[1]

［杨注］ 运刀失路之过[2]。

［注释］

①绦缕：绦，用丝线编成的带子。缕，麻线、丝线。这里指如丝缕线头般纷然杂出的刀刻纹路。

②运刀失路之过：运刀手法不熟练，刀路滑出向纹样之外，漆面上就会留下纷杂的划痕。

［**黄文**］龃龉[1]

［**杨注**］纵横文不贯之过[2]。

［**注释**］

①龃龉：指上下牙齿对不上，比喻不合，相抵触。

②纵横文不贯之过：款刻纹路交叉相接的地方交代不清楚，对接不连贯，造成“龃龉”。

［解读］“款刻”工艺常因操作者刀功不熟练而产生的三个毛病：1. 纹路线条深浅不一，不流畅。2. 刀路滑出纹样之外，留下纷杂的划痕。3. 上下纹路对接不连贯吻合。

60 铃划[1]之二过

［**注释**］

①“铃划”技法是在漆器的漆面上划出细浅的纹样，纹样里再填上金粉、银粉或其他色粉。这里指铃划工艺中的两个过失。

［**黄文**］见锋[1]

［**杨注**］ 手进刀走之过[2]。

[**注释**]

①见锋：锋，刀迹。纹样划痕不圆润，时见偏斜停滞的刀迹。

②手进刀走之过：运刀的手不稳不准，致使纹样划痕不圆润顺畅，时见顿挫的刀迹。

[**黄文**] 结节[①]

[**杨注**] 意滞刀涩之过[②]。

[**注释**]

①结节：图案线条时断时续，滞涩不流畅。

②意滞刀涩之过：出现“结节”的毛病是因运刀的技术不够熟练灵活自如，以致刻出的纹样线条时顿时续，不流畅。

[解读] “铊划”的工艺要求操作者具备熟练的刀工技术，才能在漆面上“铊划”出来的纹样不会有偏斜停滞的“刀迹”和时顿时续的“结节”，达到呈现出来的纹样线条干净、生动流畅、充满意趣。

61 剔犀[①]之二过

[**注释**]

①“剔犀”技法是用两种或三种色漆（一般都是两种），在漆器的漆灰地底上面有规律地逐层一道一道刷，至预先定下的厚度为止，每一色层都由若干道同样的色漆组成。当漆膜呈现出牛皮糖状态时，工匠趁漆膜不粘刀的时候剔出图案花纹。图案以卷云纹为最多，其次为卷草纹。刀口的断面，显现出不同的色层。北京地区称为“云雕”，日本称为“屈轮”。“二过”指“剔犀”工艺工序操作中的两个过失。

[黄文] 缺脱[1]

[杨注] 漆过紧，枯燥之过[2]。

[注释]

①缺脱："剔犀"的漆层纹样出现缺失脱落。

②漆过紧，枯燥之过：指"剔犀"刷漆时，前一道漆干得太快，干透了，后一道漆才覆盖上面，两者之间无法相融为一体，雕刻漆器后，就会出现漆层纹样脱落的现象，破坏整体效果。

[黄文] 丝絚[1]

[杨注] 层髹失数之过[2]。

[注释]

①丝絚（hù）："丝絚"是一种缠丝线用的工具，其形状呈"工"字形。

②层髹失数之过：层层色漆没有按照设定的厚度和次序上漆，刀口断面显现出的纹样，就像丝线随意缠绕在丝絚上的样子，达不到预设的色层效果。

[解读] 这里针对"剔犀"工艺的制作提出两个要点：1."剔犀"的上漆色料的调配，其中入油（熟桐油）的比例，一定要精准；后一道色漆覆盖前一道色漆的时间要精准。后一道色漆必须是在前一道色漆未干透有粘尾时刷上去，每一道漆的覆盖都是如此。两个精准才可以保证"缺脱"的毛病不易发生。2.每一个"剔犀"品种的纹样，色漆间隔的层次都有一定的规律，不得错乱失序，否则就达不到预期的"乌间朱线""红间黑带""雕黸等复""三色更迭"等色层效果。

62 雕漆[1]之四过

［**注释**］

①雕漆的技法是在漆器的漆灰地底上一道一道刷色漆，至预定的厚度为止，有同色的，有异色的，以纯红色的为最常见。当漆膜呈现出牛皮糖状态时，工匠趁漆膜不粘刀的时候剔出图案花纹，然后再进行雕刻纹样的研磨工序。凡属于这一类做法的统称为“雕漆”。“四过”指“雕漆”工艺工序中的四个过失。

［**黄文**］骨瘦[1]

［**杨注**］暴刻无肉之过[2]。

［**注释**］

①骨瘦：刻出的雕漆纹样，狭窄走形。

②暴刻无肉之过：狭窄走形的纹样是由于漆面过度雕刻。

［**黄文**］玷缺[1]

［**杨注**］刀不快利之过[2]。

［**注释**］

①玷缺：缺点，过失。这里指图纹缺损。

②刀不快利之过：因雕刻刀不锋利，雕刻时，下刀带去不应剔除的部分，致使图纹缺损。

[**黄文**] 锋痕[①]

[**杨注**] 运刀轻忽之故[②]。

[**注释**]

①锋痕：纹样回转处不圆润，留下了偏斜的刀锋痕迹。

②运刀轻忽之故：运刀不集中全神，刀法也不熟练，伸收不自如，所以纹样回转处留下刀锋痕迹，破坏了纹样圆润统一的效果。

[**黄文**] 角棱[①]

[**杨注**] 磨熟不精之过[②]。

[**注释**]

①角棱：研磨后，雕刻的纹样有角有棱，不圆润。

②磨熟不精之过：漆面纹样刻成之后，要进行研磨工序，磨去纹样雕刻的棱角，使其光滑圆润。如纹样留有棱角，说明研磨不到位。

[**解读**]“雕漆”技法，以纹样“藏锋清楚，隐起圆滑”为美，这里强调的是刀工和磨工要避免的四个过失。“雕漆”工艺是漆膜呈牛皮糖状态，趁漆膜不粘刀时剔刻出图案花纹。漆工雕刻的时间有限，因为漆层干透后非常脆，刀刻不动；过粘的状态下剔刻，又会粘刀。所以必须在既不粘刀又不脆的时候迅速把纹样刻成。这就要求刻工有较高的素养：首先要准备好一套锋利的刀具；其次对所刻的构图要成竹在胸，最后还要具备娴熟的刀法技艺。刀艺的精粗优劣，直接影响“雕漆”的品质。雕刻结束，雕漆纹样干固后，还要进行最后的研磨工序，磨去纹样上雕刻留下的棱角，才能达到“藏锋清楚，隐起圆滑”的效果。

63 裹[1]之二过

［**注释**］

①裹，即“裹衣”技法。一般漆器的制作过程，在胎骨上涂漆裹麻布或其他织物之后，都要上漆灰。而“裹衣”做法的特点是：在胎骨上涂漆裹皮衣、罗衣或纸衣之后，刷上几道漆便好了，不上漆灰。 “二过”指“裹衣”工艺工序操作中的两个过失。

［**黄文**］错缝[1]

［**杨注**］器衣不相度之过[2]。

［**注释**］

①错缝：器物裹衣后，衣片与衣片之间的衔接留有缝隙。

②器衣不相度之过：“错缝”的现象是因为裹衣裁剪的衣片比器物小、裹衣的衣片是由若干片组成的，裹衣时，片与片之间没有留有粘接的余地，前后对搭衔接时，留有缝隙，即“错缝”。

［**黄文**］浮脱[1]

［**杨注**］粘着有紧缓之过[2]。

［**注释**］

①浮脱：裹衣脱离胎骨，浮于器物表面。

②粘着有紧缓之过:“浮脱”的原因是底漆涂得厚薄不均匀，衣片没有压实压平，粘贴的衣片有的粘得实，有的粘得虚。虚的那一部分，因衣片与底胎实际没有相粘，时间一长，就会脱离胎骨，浮于器物的表面。

[解读] “裹衣”的器物因其形状的原因，裹衣的衣片不是一整片，而是由若干片组成。故裹衣时，片与片之间要前后对搭衔接，并要与胎骨粘实，才能加强器物牵扯的力量，达到坚固器物的目的。

64 单漆[1]之二过

[**注释**]

①一般漆器的制作有“捎当”“裱布”“垸灰”“糙漆”“麭漆”“表体装饰”等工艺流程。而“单漆”指在“捎当”（见159）这个工序做完后，不做漆灰，刷上一两道底漆后直接上面漆。这种做法多用来刷房屋的柱、梁等。“二过”指“单漆”工艺工序操作中的两个过失。

[**黄文**] 燥暴[1]

[**杨注**] 衬底未足之过[2]。

[**注释**]

①燥暴：漆面枯燥，不够润泽。

②衬底未足之过：底坯打底部分工序的工艺没有做到位，面漆就刷上去，面漆干后，漆面干后就显得枯燥不润泽。

[**黄文**] 多颣[1]

[**杨注**] 朴素不滑之过[2]。

[**注释**]

①多纇：漆面显现许多木材翘起的小刺点。

②朴素不滑之过：朴，指未经加工的木材，这里指未经上漆的木坯。木坯不光滑，没有经过砂纸打磨这道工序就上漆，漆面就会有许多木材翘起的小纇点。

[**解读**]“单漆”工艺的要点是：1. 柱、梁等木胎要挖去虫蛀的臭木。用漆灰腻子刮平对缝、裂缝、木节眼以及较大的凹陷处。腻子灰干固后，要整体打磨光滑。2. 刷底漆时，底漆里不可含油料太多，底漆要求饱满，干透后，才上面漆（见 153）。这样才不会出现“燥暴”“多纇”的毛病。

65 糙漆[①]之三过

[**注释**]

①“糙漆”是漆器地底漆灰工序结束后的第一道面漆。“糙漆”用的漆料一般是经过炼制的熟漆，即黑推光漆。这里指糙漆工艺工序中的三个过失。

[**黄文**] 滑软[①]

[**杨注**] 制熟用油之过[②]。

[**注释**]

①滑软：漆液附着力不强，干得慢，质软。

②制熟用油之过：黑推光漆里入油太多，即使会干，质也软，不经磨损。油指广油、松节油、煤油等溶剂。

[**黄文**] 无肉[①]

[**杨注**] 制熟过稀之过[2]。

[**注释**]

①无肉：漆层薄，漆面瘦涩。

②制熟过稀之过：黑推光漆里调配的稀释剂如松节油等太多，导致漆层薄，漆面瘦涩。

[**黄文**] 刷痕[1]

[**杨注**] 制熟过稠之过[2]。

[**注释**]

①刷痕：漆面显现刷痕。

②制熟过稠之过：漆面显现刷痕。黑推光漆漆料精炼不够，没有达到黑推漆的标准，故漆里含水率高、漆稠、干性快，漆面流平性不好，刷痕明显。

[解读]“糙漆”的漆料要选用精炼的黑推光漆，入油量不要超过30%，这样才不会出现“滑软、无肉、刷痕”三个过失。

66 丸漆[1]之二过

[**注释**]

①“丸漆”同“垸漆”，即制作漆器地底的上漆灰工序。“二过”指“丸漆”工艺工序中的两个过失。

［**黄文**］松脆[1]

［**杨注**］灰多漆少之过[2]。

［**注释**］

①松脆：漆液不纯，质差，导致漆灰干固后，松脆易脱落。

②灰多漆少之过："松脆"的原因是制作漆器地底的漆液里掺油掺水超过一定的比例，导致漆灰附着力不强，干后易松脆脱落。

［**黄文**］高低[1]

［**杨注**］刷有厚薄之过[2]。

［**注释**］

①高低：漆面漆灰层厚薄高低不平。

②刷有厚薄之过：漆工刷漆灰技术不熟练，掌握不好，刷出来的灰层厚薄高低不平，给后面的工序留下隐患。

［解读］漆器地底"垸灰"工序要注重两个要点：一是生漆的质量要保证，漆里掺油掺水不可太多；二是要由有一定技术的漆工来完成"垸灰"工序。

67 布漆[1]之二过

［**注释**］

①"布漆"就是裱褙麻布。一般漆器地底的制作过程是这样，漆器"捎当"工序后，在胎骨上涂漆裱褙麻布或其他织物，干固后，再上漆灰。这里指"布漆"工艺工序的两个过失。

[黄文] 邪宄[①]

[杨注] 贴布有急缓之过[②]。

[注释]

①邪宄：邪，通"斜"，原意是屋顶上的瓦片铺斜了。这里指漆器地底制作的"布漆"工序中的过失，即漆器底胎上裱褙的麻布纹路歪斜不正。

②贴布有急缓之过：歪斜不正的"布漆"，是由于裱褙麻布的底漆涂得厚薄不均匀，麻布没有拉直、压平、压实，而是有松有紧，所以裱褙出来的布纹就会歪斜，与底胎相粘不紧贴，失去了加固底胎的作用。

[黄文] 浮起[①]

[杨注] 黏贴不均之过[②]。

[注释]

①浮起：裱褙的麻布脱离胎骨，隆起于漆器表面。

②黏贴不均之过：底胎上裱褙麻布，漆料涂得厚薄不均，麻布粘贴无压实、压平。导致麻布有实有虚地粘贴在底胎上，日后虚的那一部分就会隆起于漆器表面。

[解读] "布漆"是漆器地底制作的一道非常重要的工序，是为了防止木胎变形、龟裂，塌陷，加强其坚固度的工序。这道工序操作时要做到：涂刷的漆液厚薄要均匀，麻布要拉紧拉直，同时麻布还要压实、压平，漆液要吃透麻布，紧粘底胎，日后才不会浮脱，才能达到坚固漆器的效果（布漆见160）。

68 揩当[1]之二过

[**注释**]

①“揩当”是漆器木胎地底制作的一道工序。具体做法是将斩碎的丝绵（少许）拌入生漆灰里，填补木胎中的对缝、裂缝、木节眼以及较大的凹陷处。这里指揩当工艺工序操作中的两个过失。

[**黄文**] 盬恶[1]

[**杨注**] 质料多，漆少之过[2]。

[**注释**]

①盬（gǔ）恶：《汉书》：“器用盬恶。”器物不坚固为“盬恶”。

②质料多，漆少之过：指填补木胎的漆料中漆液含量少，添加物多，故而填补的地方不坚固，会出现局部的塌陷，影响漆器的整体效果。

[**黄文**] 瘦陷[1]

[**杨注**] 未干固辄垸之过[2]。

[**注释**]

①瘦陷：漆器漆面上出现局部塌陷。

②未干固辄垸之过：“揩当”这一工序是填补所有裂缝、节眼和凹陷处。一次不平再补，直至补平。如果每次补的漆料未干透，就覆盖下一道工序，日后漆器填补的地方就会慢慢收缩干固，漆面局部就会出现凹塌，即“瘦陷”现象。

[解读] “揩当”是漆器木胎地底制作的一道工序，填补木胎中的所

有裂缝、节眼、凹陷处。填补的生漆入油入水含量不可超过10%，这样填补的漆料才会坚实。填补的漆料必须彻底干固，才能继续后面的工序，这样漆器制作过程中才不会出现局部的塌陷，破坏漆器的整体髹饰效果。

69 补缀[①]之二过

[**注释**]

①“补缀”，指修补古、旧、损坏的漆器。这里指补缀工艺操作中的两个过失。

[**黄文**] 愈毁[①]

[**杨注**] 无尚古之意之过[②]

[**注释**]

①愈毁：修补不当，反而使原器物越加毁损。

②无尚古之意之过：修补损坏的漆器，要遵从修旧如旧的原则，了解古代漆器制作的工艺技法，否则狗尾续貂越加难看。

[**黄文**] 不当[①]

[**杨注**] 不试看其色之过[②]。

[**注释**]

①不当：修补的颜色与原器物的颜色不符，相差太远。

②不试看其色之过：修补漆器的表面漆色，一定要注意新漆色与旧漆色的差

别，修补用的色漆要再三试样板而定，要有新器造旧的技术，修补的漆器才会修旧如旧，才不会出现色差不和谐一致的毛病。

[解读] 修补损坏的古、旧漆器，要求漆工有极为高超的技术和认真负责的态度。古、旧漆器修补的原则是“修旧如旧”，而不是狗尾续貂，漆工必须胸有成竹，才能开始修补工作。

沈福文肖像

沈福文·棕丝斑纹脱胎花瓶

孙曼亭・脱胎组合花瓶（陈伟凯摄）

坤集

平沙黄成大成著

西塘杨明清仲注

凡髹器，质为阴，文为阳。

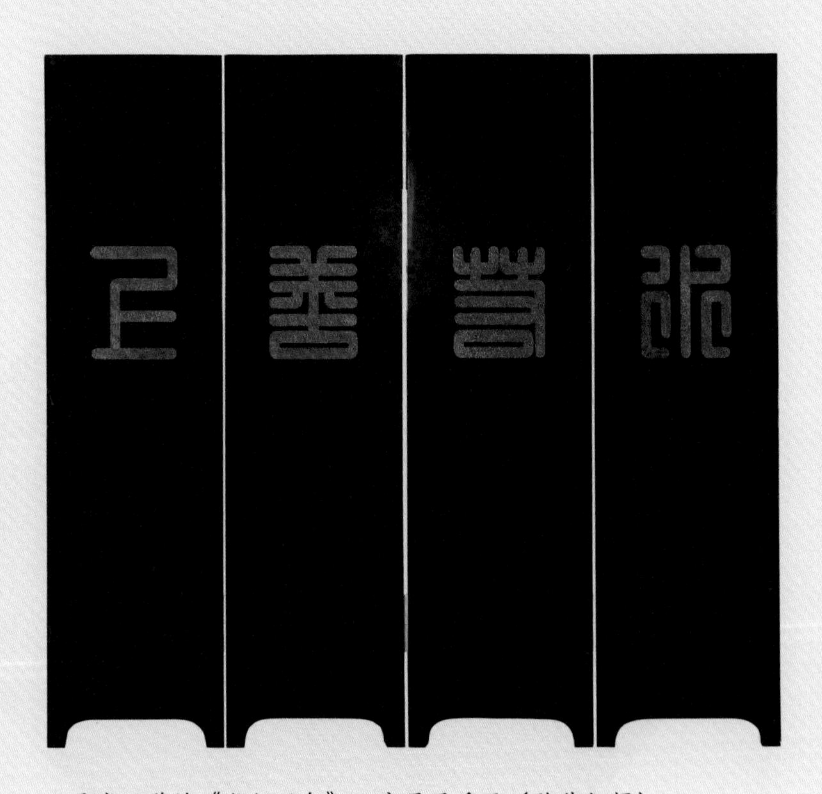

孙曼亭·雕填《龙行不息》四扇屏风反面（陈伟凯摄）

[**黄文**] 凡髹器，质为阴[①]，文为阳[②]。文亦有阴阳[③]：描饰为阳。描写[④]以漆。漆，木汁也。木所生者火而其象凸，故为阳。雕饰为阴。雕镂以刀。刀，黑金也。金所生者水而其象凹，故为阴。此以各饰众文皆然矣。今分类举事而列于此，以为《坤集》。坤[⑤]所以化生万物，而质体文饰，乃工巧之育长也。坤德至哉！

[**注释**]

①质为阴：漆器上光素无纹样的髹饰为阴，即所谓的"质为阴"，亦即本书第74条杨注“纯素无纹者，属阴以为质者”。凡这一类的髹饰技法都为“阴”。

②文为阳：漆器上有纹样的髹饰为“阳”，凡这一类的髹饰技法都为“阳”。

③文亦有阴阳：漆器上有纹样的髹饰又有“阴阳”之分，称为“纹中阴”和“纹中阳”。

④描写：描画。

⑤坤：八卦之一，代表地。

[**解读**]

《髹饰录·坤集》共十六章，分门别类叙述漆器的各种髹饰技法（最后两章除外），黄成以漆器髹饰纹样的阴阳凹凸为标准，确定漆器表体饰法的分类。漆器上光素无纹样的髹饰为阴，有纹样的髹饰为阳。漆器上有纹样的髹饰又有“阴阳”之分，称为“纹中阴”和“纹中阳”。“纹中阴”：1. 在漆面上刻凹陷的花纹，然后用色漆或金或银填平的；2. 用蚌螺片纹样、金片或银片纹样镶嵌漆地，然后上漆磨平的；3. 用稠漆在漆地上起纹样，然后用漆填入磨平的。“纹中阳”：1. 用漆或漆灰堆出花纹，不用刀雕琢的；2. 用漆灰堆起纹样加以雕琢的；3. 在色漆堆起的平面漆胎上雕漆的。

质色第三、纹匏第四、罩明第五、描饰第六、填嵌第七、阳识第八、堆起第九、雕镂第十、铊划第十一、犏斓第十二、复饰第十三、纹间第十四、裹衣第十五、单素第十六、质法第十七、尚古第十八命名为《坤集》。

质色[①]第三

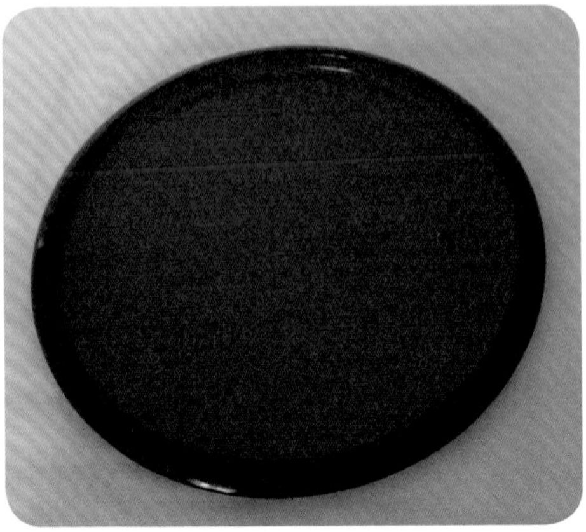

孙曼亭·朱红色推光漆圆盘

[杨注] 纯素无文者，属阴以为质者，列在于此。

[注释]

①质色：漆器上光素，无纹样的一色的髹饰。

[解读]

本章专门论述这一类“一色推光”的髹饰技法，即“推光漆”技法，并一一列于此。

70[黄文]黑髹，一名乌漆，一名玄漆。即黑漆也[①]。正黑光泽为佳。揩光要黑玉[②]，退光要乌木[③]。

[杨注] 熟漆不良，糙漆不厚，细灰不用黑料则紫黑，若古器以透明紫色为美。揩光欲�滑光莹[④]，退光欲敦朴古色。近来揩光有泽漆之法[⑤]，其光滑殊为可爱矣。

[注释]

①黑髹，一名乌漆，一名玄漆。即黑漆也：“黑髹”也称“黑推光漆”技法。“乌漆”“玄漆”“黑漆”指的都是“黑推光漆”技法。玄，泛指黑色。

②揩光要黑玉：“揩光”是漆器“推光”后的工序，又称“泽漆”。黑玉，指“揩光”后的漆面莹黑似黑玉。“泽漆”工艺传到福州，福州称此道工序为“揩青”。

③退光要乌木：“退光”即“推光”工序。乌木，指漆器推光后的漆面似乌木敦朴古色。

④揩光欲黸（lú）滑光莹：黸，黑色。滑，平滑。光莹，光亮。这里指“揩光”工序后的漆面莹黑、平滑、光亮。

⑤泽漆之法：即“揩光”之法。“揩光”，福州漆工又称为“揩青”和“推揩青”。

［解读］“黑髹”即“黑推光漆”技法，是中国传统漆艺“推光漆”技法里的一种。明代之前的“犀皮”“螺钿”以及唐代流行的“金银平脱”等工艺都是靠“研磨”“推光”工序来完成最后制作的。

“黑推光漆”技法，要求漆料要有一定的“硬度”，才能进行“研磨”“推光”工序。故漆里入广油、松节油、煤油等总量不得超过10%。否则，漆面“推光”后模糊不亮且有“针眼”。

“黑推光漆”的技法，不但要求“推光”和“揩光”工序要做到位，还要求漆器地底制作工序中的“糙漆”和“麴漆”的漆料要使用炼制优良的黑推光漆。推光麴漆的漆面要达到肥厚、无刷痕、无起皱、无下垂、无颣点、无连珠等来保证“推光”“揩光”的效果。

“揩光”技法即“泽漆”技法是从明代才开始的一种做法。这从杨明本条注“近来揩光有泽漆之法，其光滑殊为可爱矣”可以看出。明代“揩光”这一技法的发明，无疑是让“推光”技法锦上添花。

福州脱胎漆器的制作过程中，有一种经常用到的，不须经过“推光”工序，

孙曼亭·黑推光漆方盘

漆工称之为“厚料”的黑色漆。“厚料”也称“硬漆”，“厚料”，顾名思义，它漆层厚，稳重深沉，用手工刷漆。福州“厚料”不单单是黑色的漆，还包括各种颜色的色漆。“厚料”的漆面干固后，要求有光泽度，故入漆的广油比例可占30%至40%，以8时漆面结膜，24小时漆面不粘手为准。“厚料”料性软，不宜推光。

“厚料”的漆料需要细密的过滤；要求刷漆技术较好的漆工操作；要求用刷毛柔韧、密集、无刷痕的专用的漆刷。

“厚料”的漆料配制为：平时洗漆刷的脏漆以及过滤漆液时余下的漆液，必须是黑色的，这是“厚料”最好的配料伴侣；黑推光漆65%（要求漆面3小时左右结膜快干的黑推光漆）；广油35%；以上三者充分搅拌静置一周即可。

“厚料”要用细麻布粗过滤一次，然后细麻布上铺一层薄棉饼，再细滤一次。

［**工艺工序**］

福州脱胎漆器髹饰技法“黑推光漆”的“推光、揩光”的工艺工序

传统的“推光”技法包括磨推光、擦推光、推光三道工序

1.“磨推光”，在漆面上用推光石和桴炭研磨，先用推光石慢慢磨去漆面上的小粗粒和刷痕，再用桴炭慢慢磨去遗漏的小粗粒、刷痕和推光石在漆面上留下的痕迹。（现在用500号、600号、800号、1000号和极细的水砂纸替代推光石和桴炭）

2.“擦推光”，把干净的头发丝揉成一团，沾水和细瓦灰（细筛子筛过的细瓦灰）在研磨好的漆面上摩擦，摩去研磨留下的痕迹，使漆面更加光滑温润。（现在的2千号以上的极细水砂纸。逐渐代替头发和瓦灰）。

3.“推光”，在头发摩擦过的漆面上涂匀食用油和细瓦灰，用手掌摩擦推光，重复这一动作，直至漆面光洁、温润、发亮。（近年来“推光”都是用抛光机推光，效率高，效果好）

“推光”也称“泽漆”，福州称为“揩青”技法。（福州方言“青”与“黑”

谐音）“揩青”的具体做法：

1. 在推光后的漆面上用脱脂棉沾提庄漆薄薄均匀揩擦一遍，再用干净的脱脂棉将漆液擦干净，留下一层薄薄的漆膜即可，然后入荫房候干。（以漆膜干固为准）。

2. 在“揩青”干固的漆面上均匀地涂上一层薄薄食用油，不要太厚，用手掌沾细瓦灰将漆膜摩擦掉。福州漆工称此道工序为“推揩青”。

3. 第二次“揩青”。

4. 第二次“推揩青”。

5. 第三次“揩青”。

6. 第三次“推揩青”。

经过三次“揩青”和“推揩青”工序，漆面温润、光滑、莹亮。

“推光漆”漆料，因要进行研磨、推光工序，所以要求漆面4至5小时左右结膜快干的黑推光漆。漆里最好入松节油、樟脑油、煤油类的稀释溶剂，但含油量不超过10%。

71［黄文］朱髹，一名朱红漆，一名丹漆①。即朱漆②也，鲜红明亮为佳。揩光者其色如珊瑚，退光者朴雅。又有矾红漆③，甚不贵。

［杨注］髹之春暖夏热，其色红亮，秋凉其色殷红，冬寒乃不可。又其明暗，在膏漆银朱调和之增减也④。倭漆窃丹带黄⑤。又用丹砂者，暗且带黄。如用绛矾，颜色愈暗矣。

［注释］

①朱髹，一名朱红漆，一名丹漆：“朱色推光漆”技法。

②朱漆：“朱色推光漆”色料，红推光漆里掺入银朱和少许广油。（银朱见10）

③矾红漆：矾指绛矾。用绛矾调配的朱红漆，颜色是朱红漆中最差的一种。

④在膏漆银朱调和之增减也：朱漆色彩的明暗在于银朱入漆的含量。银朱入漆多，颜色便红得鲜洁；银朱入漆少，颜色便红得深暗。

⑤倭漆窃丹带黄：倭漆，日本朱漆。窃丹，清吴任臣《续字汇补》：“窃，古浅字。窃丹，浅赤也。”这里指日本朱漆浅红带黄。

［解读］“朱髹”即“朱色推光漆”技法，是中国传统漆艺“推光漆”技法里的一种，也是传统漆艺“推光漆”里技术要求最高、难度最大的“色推光漆”技法。“朱色推光漆”漆器的制作不但要求“推光”“揩光”工序做到位，还要求漆器的地底制作工序中的“糙漆”“中漆”“麭漆”等工序的漆料也要用相应的色漆，这样才能保证朱色的纯正。

孙曼亭 朱色推光漆圆盘

“朱色推光漆”，入漆色料要用佛山的银朱，色彩才能红得鲜洁，“推光”面朴雅，“揩光”面如珊瑚般鲜红明亮。如果用绛矾调配漆料，色彩暗红不鲜，不为人所稀罕珍爱。

银朱入漆的两三个月后，漆料就会变疲（慢干），且有粘尾，故应选择在春暖夏热湿度相对高的季节上漆为好。秋凉冬寒如需上漆，就要在荫房里人工加热加湿。

“朱色推光漆”里的“推光”“揩光”工序，可参照“黑推光漆”工序。“朱色推光漆”漆料的配制、过滤、刷漆也是此工艺成败的关键。

［工艺工序］

福州脱胎漆器髹饰技法“朱色推光漆”漆料的配制

1. 银朱调广油成硬泥状（干点），碾磨（碾料见10）、碾细成色脑。
2. 红推光漆80%。（要求漆面4小时左右结膜快干的红推光漆）。

3. 银朱色脑15%（以此为准，银朱入漆可多点或少点，视设定的色相而定）。

4. 广油5%（包括碾银朱的广油）。

5. 煤油少许，樟脑油少许。

以上材料充分搅拌后静置几天，漆与其他材料融为一体为好。

在麻布上铺薄棉层，过滤即可。

"朱色推光漆"的漆料里因掺入颜料，质比"黑推光漆"漆料的质软，故最后一道色漆刷上后，要七天后才能进行"研磨""推光"工序。如多放一段时间，推光的效果会更好。"朱色推光漆"的"推光""揩青"工序与"黑推光漆"技法的工序相同。

福州除了"朱色推光漆"技法外，还有一种称为"厚料"的上色漆的技法。这种技法不"推光"，不"揩青"，技术的关键在于最后一道面漆的髹漆技术。同时，漆料调配、过滤的要求更为精细。

福州脱胎漆器髹饰技法"朱色厚料"工艺工序与漆料配制

一、工艺工序

1. 将调配好的朱色漆料粗过滤一次，再用麻布、薄棉层精细过滤一次。

2. 清洗干净上漆的器物，荫房除尘。

3. 选择细密、柔顺、有韧性的头发刷子，大小各一把。

4. 由刷漆工夫最好的漆工来做"厚料"上漆。

二、漆料配制

1. 银朱粉调广油成泥状（干点），碾磨（碾料见10）、碾细成色脑。

2. 红推光漆55%（要求漆面2小时左右结膜快干的红推光漆）。

3. 银朱色脑15%（以此为准，银朱入漆可多点或少点，视色相而定）。

4. 广油30%（包括碾银朱的广油）。

5. 煤油少许、樟脑油少许。（这些油性材料入漆，促使色漆的流平性更好）

以上材料充分搅拌后成为"朱色厚料"的漆料。漆料要试样板，色相确定后，以5至6小时漆面结膜快干时间为准，24小时后漆面无粘尾为好。

色料配完要静置几天，漆与其他材料融为一体为好。

福州脱胎漆器“朱色厚料”上色漆检验标准为：漆面色泽鲜亮，器体丰腴有光泽，布漆均匀，无颣点、无刷痕、无皱纹、无漆坠，不粘手。

福州朱色“厚料”上色漆这一技法对漆工的配料、刷漆等技术要求严苛，对漆刷的要求也很挑剔。漆工以能“厚料”上漆为荣，现在此类漆工日渐稀少。

72［黄文］黄髹，一名金漆①。即黄漆②也，鲜明光滑为佳。揩光亦好，不宜退光③。其带红者美④，带青者恶⑤。

［杨注］色如蒸栗为佳，带红者用鸡冠雄黄，故好。带青者用姜黄，故不可。

［注释］

①黄髹，一名金漆：“黄色推光漆”技法。

②黄漆：“黄色推光漆”色料。

③揩光亦好，不宜退光：“退光”，即“推光”。“不宜退光”指“黄髹”漆器“推光”工序结束后，漆面虽光亮但黄中泛白，不温润。“推光”工序作为最后的制作是不适宜的，最好要进行“揩光”工序。“揩光”泽漆后的漆面，黄色鲜明，润泽发亮，效果比“推光”好很多。

④其带红者美：用鸡冠雄黄调透明漆，漆色如蒸熟的栗子肉，黄中带红，鲜明光滑色美，效果好。

⑤带青者恶：用姜黄调透明漆，漆色黄中带青，色暗，不通透。这里的“恶”指漆色次劣的意思。

［解读］“黄髹”即“黄色推光漆”技法，是中国传统漆艺“推光漆”技法里的一种。调配黄色推光漆，入漆颜料要用鸡冠雄黄，不可用姜黄，否则调出的色彩不为人所喜欢。

雄黄、雌黄都是天然矿物颜料（见10）。姜黄属蘘荷科，多年生草本，

其根茎有香气如姜，其粉末为橙黄色，主要成分为姜黄精，溶解于酒精、醇精及沸水，可作为黄色染料。姜黄虽可染色，但不是入漆的理想颜料。

黄色推光漆里的“推光”“揩光”工序，可参照“黑推光漆”的工序。黄色推光漆漆料的配制、过滤、刷漆也是此工艺成功的关键。

73［黄文］绿髹，一名绿沉漆，即绿漆也①。其色有浅深，绿欲沉②。揩光者忌见金星③，用合粉者甚卑。

［**杨注**］明漆不美则色暗。揩光见金星者，料末不精细也。臭黄④、韶粉相和则变为绿，谓之合粉绿⑤，劣于漆绿太远矣。

［**注释**］

①绿髹，一名绿沉漆，即绿漆也：“绿色推光漆”技法。

②绿欲沉：沉，深。深绿色。

③揩光者忌见金星：入漆颜料碾磨不够精细，漆器揩光后，微小的颗粒如金星闪烁，折射反光在漆面上，这是绿推光漆工艺很忌讳的毛病。

④臭黄：臭黄与雄黄同为天然矿物颜料，但成色次劣，质地不纯。李时珍《本草纲目》金石部雄黄条：“今人敲取石黄中精明者，为雄黄，外黑者，为熏黄。雄黄烧之不臭，熏黄烧之则臭。”“熏黄”即是“臭黄”。

⑤合粉绿：臭黄和韶粉调和的绿色称为“合粉绿”。

［**解读**］“绿髹”即“绿色推光漆”技法，是中国传统漆艺“推光漆”技法里的一种。“绿色推光漆”漆料调配有以下几个要点：1. 选择透明度好的红推光漆。2. 绿色入漆颜料由石绿、靛华、石黄等按深绿、浅绿不同的色相，各颜料的所占比重进行加减调配而成。3. 入漆颜料要碾磨精细。4. 不可用臭黄和韶粉调和的“合粉绿”入漆。

绿色推光漆里的“推光”“揩光”工序，可参照“黑推光漆”的工序。漆料的配制、过滤、刷漆也是比工艺成功的关键。

74［黄文］紫髹，一名紫漆，即赤黑漆也[1]。有明、暗、浅、深，故有雀头[2]、栗壳[3]、铜紫、骍毛[4]、殷红之数名。又有土朱漆[5]。

［杨注］此数色皆因丹、黑调和之法[6]，银朱、绛矾异其色[7]，宜看之试牌[8]而得其所。又土朱者，赭石也。

［注释］

①紫髹，一名紫漆，即赤黑漆也："紫色推光漆"技法。

②雀头：麻雀头部毛的颜色。

③栗壳：栗子壳的颜色。

④骍毛：骍是紫赤色的牲口。《礼记》："周人尚赤，牲用骍。"

⑤土朱漆：用赭石调成的紫漆。

⑥此数色皆因丹、黑调和之法：数色虽然都同为紫色，但有的紫得鲜，有的紫得暗。之所以会这样，都是因为黑色颜料与红色颜料调和成分、多少的不同，以及所用的红色颜料优劣的不同。

⑦银朱、绛矾异其色：银朱和绛矾虽都是红色颜料，但调出来的紫色是有质的差别。绛矾暗红带黑，不通透；而银朱红里带黄，紫色鲜丽明亮。

⑧试牌：漆工调配漆料的试板，试板上色漆干后的颜色，为调配色漆的样本和标准。

［解读］"紫髹"即"紫色推光漆"技法，是中国传统漆艺"推光漆"技法里的一种。"紫色推光漆"分明、暗、浅、深等，有雀头、栗壳、铜紫、骍毛、殷红、土朱漆等数种色彩。紫色有鲜有暗，因此漆工调色一定要试板，以试板上的色漆干后的紫色，作为调配紫色推光漆的样本和标准。

紫色推光漆里的"推光""揩光"工序，可参照"黑推光漆"的工序。漆料的配制、过滤、刷漆也是比工艺成功的关键。

75[黄文]褐髹[1]，有紫褐、黑褐、茶褐、荔枝色之等，揩光亦可也。

[**杨注**]又有枯瓠、秋叶等，总依颜料调和之法为浅深[2]，如紫漆之法。

[**注释**]

①褐髹："褐色推光漆"技法。褐，黄黑色。

②总依颜料调和之法为浅深：各种褐色虽然都同为褐色，但有的深，有的浅，因为各调和颜料所占成分、含量不同。

[**解读**]褐髹即"褐色推光漆"技法，是中国传统漆艺"推光漆"技法里的一种。"褐色推光漆"里有紫褐、黑褐、茶褐、荔枝色、枯瓠、秋叶等几种，褐色深浅不一。"褐色推光漆"与"紫色推光漆"的色料配比的方法一样。

褐色推光漆里的"推光""揩光"工序，可参照"黑推光漆"的工序。漆料的配制、过滤、刷漆也是此工艺成功的关键。

76[黄文]油饰，即桐油调色也[1]。各色鲜明，复髹饰中之一奇也，然不宜黑[2]。

[**杨注**]此色漆则殊鲜妍。然黑唯宜漆色，而白唯非油则无应矣[3]。

[**注释**]

①油饰，即桐油调色也：用炼制过的加催干剂的熟桐油配制各色颜料作为"油色"来髹饰漆器。

②然不宜黑：桐油因太透明，调黑色不显黑，故不适合调配黑色的"油色"。用大漆调的黑色更黑，效果好。

③而白唯非油则无应矣：白色的色漆只有用桐油才能调出来，用漆调不出来，因为漆本身是茶褐色的，而油是透明的。

［解读］油饰，即用桐油调制的不同色彩的“油色”来髹饰漆器的工艺。大漆本身是茶褐色的，不能调配出鲜丽明亮的色彩，而油却可以，包括调配白色的色漆。但用油调黑色的色漆，效果没有大漆调的色黑。

炼制过的加催干剂的熟桐油与颜料调配成为“油色”，可以代替“色漆”髹饰漆器。桐油的熬制是用聚合、催化等方法来改进植物油的快干性能的。

［**工艺工序**］

福州桐油的炼制工艺（加催干剂）

1.生桐油是用油桐树的子经过碾碎压榨而得。

2.将生桐油放入大铁锅内（放6分锅），加入“土子粉”，不断搅拌，直接火烧，沸到220℃左右加入“密陀僧”，不断搅拌，加温到270℃一280℃时加“松香”，撤火，搅拌。热油会自行增加温度，故温度至260℃即可撤火。

3.将熬炼好的热油倒入预先备好的冷锅里，用大勺子扬起热油，扬烟散热。

名词说明：

1.土子：二氧化锰，做催干剂用。它可以从软锰矿中提炼，也可用加热分解硝酸锰或电解氧化二价锰盐等方法制取。土子粉比重较桐油大，容易沉淀，所以炼制时要不断搅拌。

2.密陀僧：一氧化铅，做固体催干剂用，入油起促进干燥作用。明清杂记和有关文献都有关于油内加密陀僧的炼制方法，可见密陀僧是中国传统漆艺的常用材料之一。密陀僧在唐时从波斯传入，到了宋代，《图经本草》中已经记载了中国自制密陀僧的详细工艺。

3.松香：指以松树松脂为原料，通过不同的加工方式得到的非挥发性的天然树脂。易溶于各种有机溶剂，而且易成膜，有光泽，是油漆涂料的基本原料之一。松香在油漆中的作用是使油漆色泽光亮，干燥快，漆膜光滑不易脱落。

催干剂配方（按重量比计）：

1. 生桐油：100%。

2. 土子：夏天 0.24%，春、秋天 0.32%，冬天 0.63%。

3. 密陀僧：0.25%。

4. 松香：0.84%。

福州入漆广油、明油的炼制（入漆的油不加催干剂）

1.广油：将生桐油放入大铁锅内（放 6 分锅），直接火烧加热生桐油至 110℃—130℃即可。将熬炼好的热油倒入预先备好的冷锅里，用大勺子扬烟散热。

2.明油：将生桐油放入大铁锅内（放 6 分锅），直接火烧加热生桐油至 260℃—280℃即可。将熬炼好的热油倒入预先备好的冷锅里，用大勺子高高扬起热油，扬烟散热。

3.中油：取广油和明油各一半调和，即为中油，髹漆配料也很好用。

77［黄文］金髹，一名浑金漆，即贴金漆也[①]。无瘢斑为美[②]。又有泥金漆[③]，不浮光[④]。又有贴银者，易霉黑也[⑤]。黄糙宜于新[⑥]，黑糙宜于古[⑦]。

［**杨注**］黄糙宜于新器者，养益金色故也。黑糙宜于古器者，其金处处摩残，成黑斑以为雅赏也。瘢斑见于贴金二过之下。

［**注释**］

①金髹，一名浑金漆，即贴金漆也：贴金漆，贴金、贴银的底漆，也称“金胶漆”或“金底漆”。

②无瘢斑为美：贴金面以无斑痕为美。

③又有泥金漆：“泥金漆”是泥金粉调透明漆。“泥金”是将金箔再加工研磨至粉细如泥（见 2）。

④不浮光：指漆器上泥金漆的上金效果：精光内敛、沉稳、不“贼亮”。

⑤又有贴银者，易霉黑也：用银箔薰硫黄烟而成的假金箔，也称为“烟金”。“烟金”虽可替代金箔，但日久易氧化发黑。

⑥黄糙宜于新：用黄色的色漆糙漆作为贴金的漆地，黄色的漆地，初始上金效果比较好。因其地子是黄色的，与金色相近，可掩盖上金工序的不足，起到衬托金面的作用，使金面显得金厚色足，有养益帮衬的作用。

⑦黑糙宜于古：用黑色的推光漆来糙漆作为贴金的漆地，在用旧了的时候比较好看。因为日久之后，金面磨损，露出下面斑驳、大小不一、错落有致的黑底，似有天然的古韵。

孙曼亭·贴铝粉花瓶

[解读]“金髹”即“金底漆”，贴金，贴银，贴铝箔、铝粉的底漆。在漆地上先均匀地刷上“金底漆”，入荫房待干；要求“金底漆”表面结膜后一定要有粘尾的最佳贴金的时间贴金。有粘尾才能粘住金粉、银粉，这非常重要。荫房的温度20℃左右、湿度80%左右为宜。

贴真金箔时，一次性金箔要全贴到位，金箔与金箔之间不能有缝隙，后一张金箔一定要盖住前一张金箔的边沿，否则，缝隙的地方，虽可补贴，但却留下如皮肤上癜斑一样的斑痕，达不到饱满匀整的要求。如是贴金粉，粉要饱满，压实为要，金面以无斑痕，富丽灿烂为合格。

[**工艺工序**]

福州脱胎漆器髹饰技法“金底漆”的配制

1. 红推光漆60%（要求漆面2小时左右结膜快干的红推光漆）。
2. 广油40%。

3. 根据需要可加入少许银朱或黄颜料。

4. 以上材料充分搅拌，静置一周后好用，漆与油更为融合一体。

5. 配制的“金底漆”必须放在湿度80%左右、温度20℃左右的荫房里。因为广油成分较多，故荫房湿度温度一定要达标，这样贴金贴银的效果才会饱满莹亮。

这样配制的“金底漆”表面结膜，但一定要有粘尾的最佳时间贴金，才能达到金厚色足、富丽堂皇的效果。

纹匏①第四

[杨注] 匏面为细纹，属阳者列在于此。

[注释]

①“纹”，细细的纹饰。这里指将“匏漆”的漆面作为细细纹饰的漆地。“刷丝”“绮纹刷丝”“刻丝花”“蓓蕾漆”等，都是属于“纹匏”的髹饰技法。这种微微凸起于漆地的髹饰纹样属于阳，故列入此章。

[解读] “纹匏”的做法是在“匏漆”的漆面上饰以微微凸起的细细的纹样。与通常漆器地底制作的工序“匏漆”不同的是，这道“匏漆”工序不要打磨，干固后的漆面直接作为纹样的漆地。因而要求“匏漆”漆面干固后要肥腴、光亮、无粗点、无刷痕。漆面要达到这几个要求，除了要求漆工掌握有熟练的髹漆技法外，还要求髹漆的漆料配制以及漆料过滤等工序都要做到精准、精细。这道黑色的“匏漆”工序，福州漆工又称为“硬漆”或“厚料”。（漆料配方见70）

78 [黄文] 刷丝，即刷迹纹也①。纤细分明为妙，色漆者大美②。

[杨注]其纹如机上经缕为佳，用色漆为难[③]。故黑漆刷丝，上用色漆擦被，以假色漆刷丝，殊拙其器，良久至色漆摩脱见黑缕，而纹理分明，稍似巧也[④]。

[注释]

①刷丝，即刷迹纹也：用刷毛坚挺的专用刷子，蘸漆料刻意在漆面上留下刷迹来作为漆器表面纹样的髹饰，漆面上的刷迹要纤细分明为好。

②色漆者大美：漆地的颜色是黑色的，用与漆地不同的色漆做刷丝纹，做得好，效果最美。

③其纹如机上经缕为佳，用色漆为难：用与漆地不同颜色的色漆做刷丝纹，漆地上的“刷丝纹样”要纤细分明，难度比较大。

④故黑漆刷丝，上用色漆擦被，以假色漆刷丝，殊拙其器，良久至色漆摩脱见黑缕，而纹理分明，稍似巧也：这里说的是一种假色漆的做法。方法是先用黑漆做刷丝，待干之后，用色漆擦搓、覆盖。乍看，好似色漆刷成的刷丝，细看，显得粗拙。日久之后，刷丝凸出地方的色漆被磨损去，显现出黑漆与色漆丝丝相间的纹理，才稍微似天然巧成的纹样。

[解读]“刷丝”是“纹匏”技法之一，就是用刷子蘸稠漆刻意在匏漆漆面上留下刷迹来作为漆器表面的髹饰纹样。“刷丝”有两种做法：1. 在黑漆面上，用专用的漆刷蘸黑色的漆料在漆面上留下行云流水般的“刷迹”。黑色漆料配方为：黑推光漆 60%（要求漆面 3 小时左右结膜快干的黑推光漆），明油 20%，广油 20%。充分搅拌静置两三天，调和后的漆料表面结膜时间要求为 6 小时左右。作为“刷迹”的漆料，要求荫房的温度为 20℃左右，湿度为 80% 左右。2. 在黑漆面上，蘸与漆面不同颜色的色漆，在漆面上留下行云流水般的“刷迹”。具体做法与荫房的温度湿度要求都与黑漆一样，但操作难度比黑色漆难，但效果比黑色漆好。色漆料的配方为：红推光漆 65%（要求漆面 3 小时左右结膜快干的红推光漆）、广油 35%（包括调颜料的广油）。入漆颜料的分量，以设定的色相为准。

79［黄文］绮纹刷丝[①]，纹有流水、洞瀠[②]、连山[③]、波叠[④]、云石皴[⑤]、龙蛇鳞[⑥]等。用色漆者亦奇[⑦]。

［杨注］龙蛇鳞者，二物之名。又有云头雨脚、云波相接、浪淘沙等。

［注释］

①绮纹刷丝：绮，有花纹的丝织品。这里指刷出各种花样的刷丝纹样。

②洞瀠（jiǒng jǐng）：水势回旋貌。

③连山：山峦起伏的形状。

④波叠：波涛叠起的形状。

⑤云石皴：国画中画山石时，勾出轮廓后，为了显示山石的纹理和阴阳面，用淡干墨侧笔而画叫作“皴”。这里指卷云山石状。

⑥龙蛇鳞：龙飞蛇舞的形态。

⑦用色漆者亦奇：用与漆地颜色不同的色漆做绮纹刷丝的效果也很奇特。

［解读］“绮纹刷丝”与“刷丝”的区别在于，“绮纹刷丝”是曲线纹理，“刷丝”是直线纹理。“绮纹刷丝”的纹理形态十分丰富，有水势回旋貌、山峦起伏貌、波涛叠起状、卷云山石状、龙飞蛇舞状。“绮纹刷丝”技法的漆料配方与“刷丝”技法相同。

80［黄文］刻丝花[①]，五彩花文如刻丝花，色、地、纹共纤细为妙。

［杨注］刷迹作花文，如红花、黄果、绿叶、黑枝之类。其地或纤刷丝，或细蓓蕾[②]。其色或紫、或褐，华彩可爱。

［注释］

①刻丝花：“刻丝”即缂丝，我国特有的一种丝织手工艺。织时先架好经线，

按照底稿在上面描出图画或文字的轮廓，然后对照底稿的色彩，用小梭子引着各种颜色的纬线，断断续续地织出图画或文字，衣料等物品也同时织成。漆器的刻丝花是在漆器的地子上用纤细的刷丝纹样或者纤细的蓓蕾纹样（见87）作为底纹，而面上的花纹又用另一种刷丝纹样来装饰。它是利用不同的刷迹和不同的色彩来区分底与面的不同。

②其地或纤刷丝，或细蓓蕾：用纤细的刷丝纹样或纤细的蓓蕾纹样作为漆器地子上的底纹样。

［解读］“刻丝花”的纹样分为上下两层来做。先在漆地上做单色的竖纹刷丝，或纤细的蓓蕾纹样，漆料干后，在底纹上再做五彩的刷丝花纹。要求面花纹、底花纹要纤细分明，色彩要有所区别，故工艺难度比“刷丝”“绮纹刷丝”都要难。“刻丝花”技法的漆料配方与“刷丝”技法的漆料配方相同。

81［黄文］蓓蕾漆[①]，有细粗，细者如饭糁，粗者如粒米，故有秾花[②]、沦漪[③]、海石皴之名[④]。彩漆亦可用[⑤]。

［杨注］蓓蕾其文簇簇，秾花其文攒攒，沦漪其文鳞鳞，海石皴其文磊磊。

［注释］

①蓓蕾漆：清张璐《张氏医通》：“伤寒舌上生红点名红蓓蕾。”这里指在漆器上起凸起的小雪珠般的颗粒纹样。

②秾花：花纹茂集，属细密“蓓蕾”一类。

③沦漪：波纹起伏，属细密“蓓蕾”一类。

④海石皴之名：如重叠堆积的石头纹样，属粗“蓓蕾”。

⑤彩漆亦可用：“蓓蕾”纹样的漆料，也可由多种颜色的色漆混合使用。

［解读］“蓓蕾”工艺是用丝绸、绢布、麻布等织品做成的蘸子，沾

色漆在漆地上点出小雪珠般凸出的犹如“蓓蕾”的纹样。因为缯、绢、麻等织品的网眼有粗有细，所以“蓓蕾”的纹样也有稀密粗细之分，故有“秾花”“沦漪”“海石皴”的形状。所用纹样的色漆料要稠黏浓厚，才能“蓓蕾”凸出，立而不散。“蓓蕾”技法的漆料配方与“刷丝”技法相同。

罩明①第五

[**杨注**] 罩漆如水之清，故属阴。其透彻底色明于外者，列在于此②。

[**注释**]

①罩明：罩，遮盖。明，透明漆。这里指漆地上的最后一道工序是罩上透明漆的技法。

②其透彻底色明于外者，列在于此：透明漆，指与红推光漆相对而言的“透明”。因透明漆漆液相对比较通透，罩漆后，经过半年以上时间的“色开”，漆地的打底颜色会透出来。但浅色或鲜艳的颜色不行，因透明漆本身不是无色透明的，而是含褐色的漆液。漆面上用“罩明”技法髹饰的漆器属于阴，列在此章。

[**解读**] “罩明”是中国传统漆艺经典技法之一，是检验漆工刷漆技术和配料技术的标准之一。因为“罩明”是漆地上髹饰的最后一道工序，且漆器底色一览无余，如果漆料调配不好，过滤不精细，罩漆不肥腴均匀，就可看出漆工的漆艺技术水平不高。“罩明”漆的配制为：红推光漆50%（要求漆面2小时左右结膜快干的红推光漆）与广油50%充分搅拌，静置一周后精细过滤。漆料调配标准为：4至6小时漆面开始结膜快干。干固后的漆面肥厚，流平性好，无尘粒、无刷痕。以上配料适合所有要“罩明”的漆器。如果要进行“推光”“揩光”工序，可改变原漆料配方，漆70%，油30%，其他不变。

罩明后的漆器需要置放在湿度60%至80%、温度20℃左右的无尘的荫

房（可人工加湿加热）。因为罩明漆漆料里油成分饱和，而入漆的熟桐油里无添加任何催干剂，油本身基本不干，全靠漆液的快干调和，故要用快干的红推光漆，荫房湿度温度要适宜，以保证罩明漆的质量。透明漆里油成分的饱和就意味着漆性较软，如果要进行推光和揩光工序，罩漆后置放的时间要长，大约要一个月左右，等漆面十分干固后才能进行。

［**工艺工序**］

福州“闽漆”家具工艺流程和漆料配置

福州“闽漆”家具工艺与“罩明”工艺极其相似，它是20世纪90年代前，福州“闽漆”家具的主力军。后来被色彩鲜丽，操作便利的化学漆替代而逐渐销声匿迹。

因大漆透明漆自身含褐色，故“闽漆”家具的颜色大多是紫红色、棕色、咖啡色。

一、工艺流程

1.大红、黑色颜料调水，可配为深、浅紫红色。皂黄、大红、黑色调水，可配为棕色、咖啡色。全凭各种颜料所占成分的多少来定颜色的深浅变化。要先试样板色相。（以上均是水溶性颜料）

2.将木制家具通体用砂纸擦过一遍，有毛刺的地方特别要擦光滑。清除尘粒，用羊毛刷将调好的底色水料通体刷上。

3.用生漆、薯粉（地瓜粉）、相应颜色的颜料调和为填补腻子。填补家具上的各种缝隙、凹处、破损处。

4.填补之处用砂纸擦光滑，再用较稀的同色腻子灰将家具通体刮一遍。

5.用砂纸通体擦一遍，清除尘粒，再用提庄漆调松节油（以快干时间4小时无粘尾为准）薄薄通体刷一道。

6.干透后，刷上透明罩漆。

二、漆料配制

一组配法：红推光漆50%（要求漆面2小时左右结膜快干的红推光漆）、广油50%，充分搅拌，静置一周后使用。精细过滤。

漆料调配标准为：4至6小时漆面开始结膜，漆面干后肥腴、流平性好、无刷痕。

二组配法：提庄漆60%（快干时间1至2小时）、明油40%，充分搅拌，静置一周后使用。精细过滤。

漆料调配标准为：4至6小时漆面开始结膜，漆面干后肥腴、流平性好、无刷痕。

82［黄文］罩朱髹，一名赤底漆，即赤糙罩漆也①。明彻紫滑为良②，揩光者佳绝③。

［**杨注**］揩光者似易成，却太难矣。诸罩漆之巧，更难得耳。

［**注释**］

①罩朱髹，一名赤底漆，即赤糙罩漆也：用朱色的色漆糙漆作漆地的颜色，然后罩上透明漆。

②明彻紫滑为良：明彻紫滑是罩朱髹要达到的最好效果。透明漆本身带褐色，罩在朱色的漆地上，漆面的色泽一般为紫红色。

③揩光者佳绝：罩朱髹经过推光和揩光工序，漆面效果除了明彻紫滑外，更为晶亮莹润。一般要求透明漆刷完要一个月左右的时间，再进行研磨、推光、揩光工序。那时漆层干固透了，漆面硬度才经得起研磨推光。

［**解读**］“罩朱髹”就是在朱色漆地上罩上透明漆，漆面要达到明彻紫滑的效果，必须做到以下几点：1. 朱色糙漆地子的漆面要肥厚，研磨要光滑，无粗点。2. 调配的透明漆要求色泽通透光亮、干后漆面肥厚、无颣点、无刷痕。3. 透明漆料粗过滤一次后，再细过滤一次，达到精细无尘粒。4. 漆

工刷漆技术高超。5. 要有一个湿度60%—80%，温度20℃左右的无尘荫房，置放罩漆的漆器。推光和揩光工序是对“罩朱髹”工艺的进一步提升，揩光后的漆面更为明彻紫滑、晶亮莹润。其工艺工序流程与“黑推光漆”一样，但操作时的工艺技术要求比“黑推光漆”更高，难度更大。因为透明漆的漆膜硬度较软，操作过程易破损，破损的修补痕迹会破坏整体效果，故推光、揩光工序要加倍上心，尽量避免修补。

83［黄文］罩黄髹，一名黄底漆，即黄糙罩漆也①。糙色正黄，罩漆透明为好②。

［**杨注**］赤底罩厚为佳③。黄底罩薄为佳④。

［**注释**］

①罩黄髹，一名黄底漆，即黄糙罩漆也：用黄色的色漆糙漆作为漆地的颜色，再罩上透明漆。

②糙色正黄，罩漆透明为好：“罩黄髹”要求糙漆打底的色漆颜色为正黄色，面上的透明漆要求选择色淡透明度好的红推光漆作为透明罩漆的漆料，这样漆面才能显现正黄色。

③赤底罩厚为佳：“罩朱髹”技法要求漆地的透明漆的漆层刷厚些，才能达到明彻紫滑的效果。

④黄底罩薄为佳：“罩黄髹”技法要求漆地的透明漆的漆层要刷薄些，才能达到正黄色的效果。

沈正镐·佛手式花插
（故宫博物院藏）

[解读] “罩黄髹”的透明漆要选择色淡、透明度好的红推光漆做为罩漆透明。广油入漆40%—50%，可灵活掌握，以流平性好，无刷痕，5至6小时表面漆结膜快干，24小时后漆膜不粘手为准。但为了显现正黄色，透明罩漆层宜薄不宜厚。

84 [黄文] 罩金髹，一名金漆，即金底漆也[①]。光明莹彻为巧[②]，浓淡[③]、点晕为拙[④]。又有泥金罩漆，敦朴可赏[⑤]。

[**杨注**] 金薄有数品[⑥]，其次者用假金薄或银薄[⑦]。泥金罩漆之次者用泥银或锡末[⑧]，皆出于后世之省略耳[⑨]。浓淡、点晕，见于罩漆之二过[⑩]。

脱胎朱色推光山水酒具

[注释]

①罩金髹，一名金漆，即金底漆也："罩金髹"，指在贴金的漆地上罩上透明漆的技法。

②光明莹彻为巧：罩金髹的漆面色泽均匀、通透、莹彻光亮为佳。

③浓淡：浓，厚。淡，薄。罩漆时，运刷轻重不一致，布漆厚薄不均匀，干固后，漆面就会显现浓淡不均、深浅不一的色泽。

④点晕为拙："点晕"即漆面有小尘点，有小尘点的漆面效果不佳。漆面上有点晕的原因有：罩明漆过滤的不精细，有细尘点；刷漆时没有及时挑去尘点；刷漆环境和荫房不防尘；漆工髹漆技术不熟练。

⑤又有泥金罩漆，敦朴可赏：泥金粉贴金作为金底，透明漆罩后，金面效果敦朴、含蓄、厚重可欣赏。

⑥金薄有数品： 金薄即金箔，根据含金量和产品规格的不同，可分为几个品种。金箔是黄金加入少量的白银、铜等金属熔炼成合金后锤成的方形薄片，分为库金箔（含金量98%）、大赤金箔（含金量85%）、中赤金箔（含金量77%）、赤金箔（含金量74%）。明清两代金箔主产地在苏州，现在主产地在江苏南京、广东佛山等地。

⑦其次者用假金薄或银薄：贴金效果次于金箔的原因是用"烟金"（假金箔）和银箔代替金箔贴金。"烟金"、银箔与金箔相比，更容易氧化变黑。

⑧泥金罩漆之次者用泥银或锡末：贴金效果次于泥金的原因是用泥银或锡末替代泥金贴金。泥银或锡末不仅颜色暗晦，还容易变黑。

⑨皆出于后世之省略耳：用假金箔、银箔、泥银、锡末等替代真金箔，都是后世人省料之法，不足取。

⑩浓淡、点晕，见于罩漆之二过：浓淡，漆面透明漆层厚薄不均；点晕，漆面上的小尘点。这些都是罩透明漆工序容易犯的过失（见49）。

[解读] "罩金髹"是"罩明"技法里的一种，除了漆器，佛像的髹金也往往使用"罩金髹"技法。"罩金髹"是在贴金的漆地上罩透明漆，如果金地存在"癞斑、粉黄"等贴金毛病，那罩漆后的漆面也将一览无余地显现这些毛病。所以金地与罩漆的工艺都十分重要。要达到"罩金髹"工艺的要求必须做到：1. 贴金的"金底漆"和罩明的"罩明漆"的配制要

精确适用；2. 荫房温度、湿度适宜；3. 使用含金量高的金箔；4. 漆液过滤要精细；5. 使用柔顺有韧性的漆刷，大小各一把；6. 要由刷漆技术高超的漆工来操作。

［**工艺工序**］

福州脱胎漆器髹饰技法“罩金漆”的材料及漆料配制

1.罩金漆要选择色淡、透明度好的红推光漆作为罩金漆料（要求漆面2小时左右结膜快干的红推光漆）。

2.广油入漆40%—50%，入漆成分可灵活，以流平性好，无刷痕，4至6小时表面漆结膜，24小时后漆膜不粘手为准。

3.“金底漆”配方（见77）。

4.选用含金量高的金箔。

福州脱胎漆器创始人沈绍安第六代传人沈德椿在20世纪30年代就研创出一种称为“沈金漆”的工艺技法。传统漆器贴完金箔，就算是最后一道工序了，但贴上金箔的漆器表面，时间一长容易磨损露底。沈德椿研制出了一种透明漆的配方，这种配方的透明漆罩在贴金的漆器上，起到保护金箔的作用。这种工艺技法一面世就得到肯定。因为是沈德椿研创的，故称“沈金漆”。在近90年的发展中，由于漆原材料和气候的变化，“沈金漆”的透明漆的配方也在漆工的实践经验总结中有所变化。

85［**黄文**］洒金，一名砂金漆，即撒金也[①]。麸片有细粗[②]，擦敷有疏密[③]，罩髹有浓淡[④]。又有斑洒金[⑤]，其文：云气、漂霞、远山、连钱等[⑥]。又有用麸银者[⑦]。又有揩光者，光莹炫目[⑧]。

［**杨注**］近有用金银薄飞片者甚多，谓之假洒金。又有用锡屑者。又有色糙者，其下品也[⑨]。

［注释］

①洒金，一名砂金漆，即撒金也：在湿漆面上洒金箔碎片或大小颗粒的金粉，干固后，罩上透明漆的做法谓“洒金”技法。

②麸片有细粗：小大不一如麸皮般的金箔碎片（见2）。

③擦敷有疏密：洒金擦敷可疏可密。

④罩髹有浓淡：根据需要，透明漆的漆层可厚可薄，灵活运用。

⑤又有斑洒金：“斑洒金”的做法不是通体疏密一致，而是有的地方疏，有的地方密，聚合形态各异。

刘必建·虎座鸟架鼓

⑥云气、漂霞、远山、连钱等：这些都是用“斑洒金”做出来的，由这些大小不一的碎金箔分布的形态的形似而得名的。

⑦又有用麸银者：有的用麸皮大小的银箔碎片代替金箔碎片。

⑧又有揩光者，光莹眩目：在透明漆的漆面上再进行推光、揩光工序，漆面

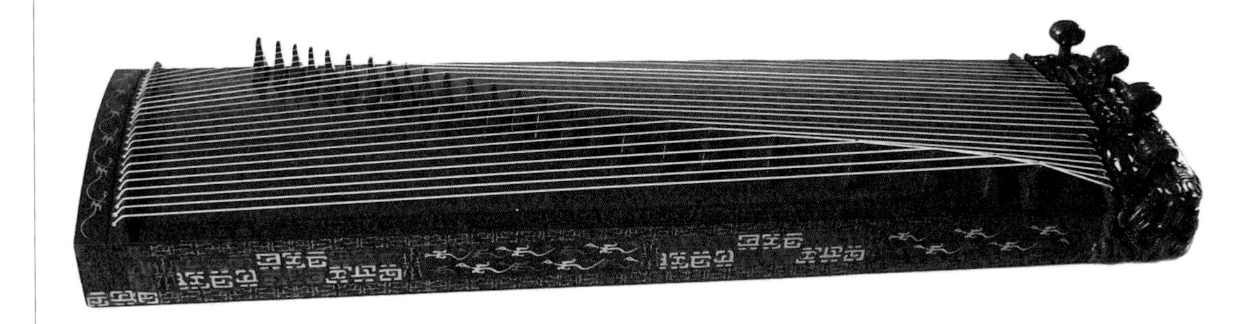

刘必建·锦瑟

则格外莹亮眩目（见70）。

⑨近有用金银薄飞片者甚多，谓之假洒金。又有用锡屑者。又有色糙者，其下品也：把金箔银箔碎薄片直接洒在湿漆面上，作为漆器的最后一道工序，不上透明漆，谓之“假洒金”技法。也有用锡屑代替银箔碎片的，用黑漆之外的色漆作为洒金的漆地，这些工艺的效果都不好，做出的都是次劣下品的漆器。

[解读]“洒金”技法是在湿漆面上洒金箔碎片或颗粒大小的金粉，干固后，罩上透明漆的做法有的还要在透明漆的漆面上进行推光和揩光的工序。“洒金”的漆地以黑色为佳。（洒金工艺见16）

描饰①第六

[**杨注**] 稠漆写起②，于文为阳者③，列在于此。

[**注释**]

①描饰：用色漆或油色在漆地上描画出纹样。

②稠漆写起：用稠的色漆在漆地上描画花纹。

③于文为阳者：漆地上描画的纹样略高于漆地，属于阳。

[解读]“描饰”技法，是用漆调颜料的“色漆”或者是用加催干剂的炼制过的桐油调颜料的“油色”，在漆地上描画纹样。这些描画的纹样比漆地略高，属于阳。现将这一做法的纹饰列在此章。

86 [黄文] 描金，一名泥金画漆，即纯金花文也①。朱地、黑质共宜焉②。其文以山水③、翎毛④、花果⑤、人物故事等；而细钩为阳⑥，疏理为阴⑦，或黑漆理⑧，或彩金象⑨。

[杨注] 疏理，其理如刻，阳中之阴也。泥薄金色，有黄、青、赤，错施以为象，谓之彩金象。又加之混金漆⑩，而或填或晕⑪。

[注释]

①描金，一名泥金画漆，即纯金花文也："描金"技法也称"泥金画漆"，是在漆地上描画纯金色的纹样。

②朱地、黑质共宜焉：最常见的是在朱色的漆地上和黑色的漆地上描金。共宜焉，意思是朱色和黑色的漆地上都很适用"描金"这种技法。

③其文以山水：在漆地上描画金色的山水纹样。

④翎毛：鸟类翅膀和尾巴上的长羽毛。这里指漆地上描画的各种飞鸟。

⑤花果：这里指漆地上描画的花草果树。

⑥而细钩为阳：在漆地描绘的花纹上再勾叶脉、开花瓣等纹理，纹理贴金后，比金色花纹又高出一些，故曰"细钩为阳"。

⑦疏理为阴："疏"为刻的意思，"理"为纹理。疏理是在漆地的花纹上再铊划出叶脉、花瓣等纹理。铊划的纹理在花纹的上面，但比花纹低，故曰"阳中之阴"。

⑧黑漆理：漆地的金色花纹上，用黑色的漆勾出纹理的做法，称为"黑漆理描金"技法。

⑨或彩金象：各色金箔和泥金等，交错并施在同一个花纹上，表

吴守端·晕金"玉立"

现花纹的冷暖深浅的变化，称为“彩金象描金”技法（见84）。

⑩又加之混金漆：在通体贴金的漆地上，再描金色纹样的做法，称为“混金漆描金”技法。

⑪而或填或晕：“混金漆”有“填金”和“晕金”两种做法。

[解读]“描金”技法是在漆地上描画金色的纹样。漆地上用“金底漆”描画纹样，待纹样的漆面结膜但一定要有粘尾的最佳贴金时间，贴上金箔或金粉。“混金漆”技法有“填金”和“晕金”两种做法：1. 填金的方法：在通体贴金的漆地上用“金底漆”描画花纹，待花纹漆面刚结膜，但一定要有粘尾的最佳贴金时间，贴上与金地含金量不同、或深或浅的金箔或金粉，由此来区分纹样与金地。2. 晕金：在通体贴金的漆地上，用“金底漆”描画纹样，待纹样漆面结膜但一定要有粘尾的最佳贴金时间，用棉球蘸含金量不同的深、浅色金箔粉，从外至内，晕染其上。晕擦时先从纹样的边缘顶端开始，逐次从浓到淡向内侧晕染。晕金要点是纹样边缘的金色与漆地的金色要深浅有所区别，这样漆地上金色的花纹才会清晰可辨。

“晕金”技法的“晕”是古建筑彩画的术语。宋代李诫《营造法式·彩画作制度·五彩遍装》云：“叠晕之法，自浅色起，先以青华，次以三青，次以二青，次以大青。大青之内，用深墨压心。”这里是说花纹的中心色彩最深，依次向外一层一层有规律地浅淡的画法。漆器的晕法，可将最深的金色放在花心，向外逐渐淡下去；也可以反过来，将最浅的金色放在花心，向外逐渐深下去。（参见王世襄《髹饰录解说》等94条）

[工艺工序]

福州脱胎漆器髹饰技法“晕金”的工艺工序与漆料配制

一、工艺工序

1.用纱布包面粉做个粉扑，清洗擦去漆器面上的油迹。漆器的最后工序是“推揩青”，是用食用油和细瓦灰敷擦的，故漆器表面留有油迹。

2.在纸上勾勒出画稿的纹样线条。

3.将画稿纹样线条拷贝到漆面上（见19）。

4.用鼠毛笔蘸“金底漆”勾勒画稿轮廓，并贴上金箔（“金底漆”见77）。

5.用调配好的色漆平填，放置荫房待干，等色漆漆面结膜，但一定要有粘尾的最佳贴金时间，用棉球蘸不同含金量的深浅金粉晕染其上，晕染时先从纹样的边缘顶端开始，逐次从浓到淡向内晕染。金粉要晕得有深有浅，呈现纹样的明暗效果。

6.晕金完毕，有时要用黑漆开芯画点。

7.晕金画工要有扎实的绘画功底，晕金的效果就更好。

此“晕金”技法与福州“无勾勒晕金”髹饰技法不同。

二、漆料配制

红推光漆30%（要求漆面2小时左右结膜快干的红推光漆）、广油20%、提庄漆30%、明油20%，以上漆和油充分搅拌静置一周后使用。

漆料要细过滤。荫房的温度要求20℃，湿度要求80%以上，可人工加热加湿。因漆里含油快达到饱和，故要放在温度、湿度适宜的地方待干，这样贴金的效果才会饱满灿烂。

此“晕金”漆料的配制与福州“无勾勒晕金”技法漆料的配制不同。

87［黄文］描漆，一名描华，即设色画漆也①。其文各物备色，粉泽烂然如锦绣②。细钩皴理以黑漆，或划理③。又有形质者，先以黑漆描写，而后填五彩④。又有各色干着者，不浮光，以二色相接，为晕处多为巧⑤。

［杨注］若人面及白花、白羽毛，用粉油也。填五彩者，不宜黑质，其外框朦胧不可辨，故曰形质⑥。又干着，先漆象，而后傅色料，比湿漆设色，则殊雅也⑦。金钩者见于斒斓门⑧。

［注释］

①描漆，一名描华，即设色画漆也：在漆地上用五彩色漆描画出各种纹样的做法，称为“描漆”技法。

②其文各物备色，粉泽烂然如锦绣：在漆地上描画用的“色漆”，不限于用漆，也可以兼用“油色”，如纹样中的人面、白色的花、白色的羽毛以及天蓝、雪白、桃红等用的都是“油色”。由于“色漆”和“油色”，具备各种纹样所需要的色彩，这样漆地上就可以画出五彩斑斓的图纹。锦绣，有彩色花纹的丝织品，这里指五彩斑斓的图纹。

③细钩皴理以黑漆，或划理：细钩皴理以黑漆，指描漆纹样上细钩的纹理，是用黑漆钩的，称为“黑理钩描漆”技法。划理，指描漆纹样上细钩的纹理，是用雕刻刀铊划的，称为“划理描漆”技法。

④又有彤质者，先以黑漆描写，而后填五彩：彤质者，红色的漆地。在红色的漆地上描，先用黑漆勾纹样的轮廓，然后在轮廓中间填上五彩颜色，称为“彤质描漆”技法。

⑤又有各色干着者，不浮光，以二色相接，为晕处多为巧：“干着者”即“干着色描漆”。“干着色描漆”的做法是用“色漆”画出纹样，待纹样漆面刚结膜，但一定要有粘尾时，用帚笔将相应的干的色粉末敷扫上去，做法与晕金一样。“干着色描漆”纹样上的色彩是颜料敷擦上去的，故没有浮光。“干着色描漆”技法有两种做法：一是在一组花纹图案里由中心到外缘，颜色渐进，由深到浅；与它相邻的另一组，由中心到外缘，颜色渐进由浅到深。这是深浅颜色一组相接的晕法。二是两组花纹图案的用色完全不同，由中心到外缘，两种颜色渐进都是由深到浅。这是不同颜色一组相接的晕法。

⑥填五彩者，不宜黑质，其外框朦胧不可辨，故曰彤质：黑漆地子上用黑漆勾纹样的轮廓，然后在轮廓中间填上五彩颜色，这种做法效果不好。因为黑漆地上的黑色轮廓线条朦胧不可辨识，所以不宜黑漆地子，用红漆地子为好。

⑦又干着，先漆象，而后傅色料，比湿漆设色，则殊雅也：“干着色描漆”技法是用“色漆”画出纹样，待纹样漆面刚结膜，但一定要有粘尾时，用帚笔将干的细腻的颜料粉末敷扫上去。“湿漆设色”的做法是在漆地上直接用色漆描画纹样。“干着色描漆”的纹样比“湿漆设色”的纹样显得更为清雅。

⑧金钩者见于犏斓门：本书“犏斓门”一章列有“金理钩描漆”技法（见

125)。它的做法是在漆面上描画花纹后，纹理不用黑漆勾，不用刀铯划。而是用金色来细勾。

[解读]“描漆”技法是在漆地上用五彩色漆描画出各种纹样的做法“描漆”技法因为“色漆”与“油色”的兼用，打破了“色漆”不能表现浅色鲜艳之色的局面，如纹样中的人面、白花、白羽毛以及天蓝、雪白、桃红等浅色鲜艳之色，用的都是炼制的熟桐油调颜料的“油色”，从而漆地上可以描画出五彩缤纷、花团锦簇的图纹。

88 [黄文] 漆画，即古昔之文饰，而多是纯色画也①。又有施丹青而如画家所谓没骨者，古饰所一变也②。

[杨注] 今之描漆家不敢作。近有朱质朱文、黑质黑文者③，亦朴雅也。

[注释]

①漆画，即古昔之文饰，而多是纯色画也：古代漆器上用一种色漆描画纹样，图纹比较写意的一种技法。

②又有施丹青而如画家所谓没骨者，古饰所一变也：“没骨者”即“没骨画”。这里是指画工借鉴中国画“没骨画”的技法，不用黑漆钩轮廓，直接用各种色漆在漆器上描画图纹，这种画法较与传统的漆器装饰画法是有所变化的，称为“没骨设色漆画”。一般的漆工画工是不敢尝试的。

③朱质朱文、黑质黑文者：在朱色的、黑色漆地上用朱色、黑色的漆料描画纹样。

[解读] 作为髹饰纹样依附于漆器上的“漆画”技法有四种：1. 纯色画：只用一种颜色的色漆在漆面上画纹样，纹样上不再用黑漆、金漆或其他色漆勾描纹理的技法，图纹比较写意。2. 没骨设色漆画：不用黑漆勾出花纹的轮廓，直接用各种色漆在漆器上描画花纹。“没骨设色漆画”要求

画工要有一定的绘画基础，一般的漆器画工是不敢尝试的。3. 朱质朱文：在朱色的漆地上用朱色的漆料描画纹样。4. 黑质黑文：在黑色的漆地上用黑色的漆料描画纹样。两种漆画，花纹和漆地的颜色一样，但花纹高于漆地，如迎光照着看，花纹便十分清晰。这种做法虽不及“纯色漆画”和“没骨设色漆画”色彩分明，但它的趣味却以朴雅见长。

现代漆画奠基人李芝卿

“没骨画”是中国画绘画的一种技法。用墨笔勾出轮廓线，称为骨法，所谓的“骨”指的就是墨线。不用墨笔勾出轮廓线，完全用墨或色渲染而成的画，就称为“没骨画”，也称为“无骨画”。“没骨画”的技法有渲染、点染两种：1. 渲染，是指不勾轮廓线，先用炭条、铅笔、淡墨勾出轮廓线，然后用色将其覆盖，

李芝卿·“武夷山” 屏风

王和举·鼓浪屿

郑益坤·心愿

郑鑫·素月清辉

吴建煌·秋韵

川 · 草垛

廖国宁 · 窗口

王和举·九歌·山鬼

郑益坤·碧水鱼乐

郑力为·拉网

廖国宁·归鸟

梁汝初 陈秋芳·海上放幻灯

吴川·雾

郑鑫·心莲

廖国宁·静物·菊花

或着色后再将铅笔、炭条的痕迹全擦掉，是用层染或混染法，通过多次着色来渲染物象的一种绘画手法。2. 点染，是指先在笔上调好墨，然后一笔或几笔点出物象的一种绘画手法。没骨点染有粗细之分，细致的在工笔花鸟中常用来点染草虫、小花、小草和枝梗等，较粗的则是兼工带写的画法。

［**工艺史话**］

现代漆画在福州

福州不仅是脱胎漆器的故乡，也是中国现代漆画水平最高的地区之一。中国现代漆画是在中国传统漆艺的基础上发展起来的。作为髹饰纹样依附于漆器上的“漆画”可以追溯到两千多年以前。河南信阳出土的战国漆瑟上的漆画，描绘了当时人的狩猎生活；湖南长沙马王堆汉墓出土的漆棺上的漆画，描绘了流动的飞云、奇异的仙人怪兽；山西大同司马金龙墓出土的南北朝木板漆画，描绘了贞妇烈女等，这些都是我国古代漆画的杰作。它们固然不是现代意义上的漆画，但已经是现代漆画的滥觞，现代漆画是在现代漆器工艺基础上发展起来的。漆画高度集中了漆艺髹饰技法，它除了画面构图外，还

吴建煌·轻舞飞扬

要考虑如何应用漆艺技法的合理性，使画面和采用的工艺技法统一，通过髹饰工艺显现出漆画特有的美感，以此区分于其他画种。

现代漆画的工艺髹饰技法是丰富多彩的，大致有彩绘、镶嵌、研磨、雕刻、堆漆以及施以金银等。这些技法往往相互结合，互相渗透，穿插交错。根据画面需要，有的以镶嵌为主，有的以研磨为主，有的则是彩绘与研磨相结合，种种髹饰工艺手段均服从于画面艺术表现的需要。

画种的分类法一般习惯以它所使用的材料不同来区分，如使用水彩的叫水彩画，使用油彩的叫油画，使用漆的叫漆画。由于使用材料工具的不同，每一画种都有其长处和局限性，而恰恰是这种长处与局限性形成了不同画种各自不同的表现手法和艺术特色。因为漆画使用了大漆、金银、银朱、螺钿、蛋壳等材料以及其他特有的工具，因而产生了它独有的艺术魅力。

现代漆画在中国绘画园地里还是很年轻的画种，它从实用漆艺中独立出来成为纯欣赏的艺术，从工艺美术范畴跨进绘画艺术领域，正式踏进美术的殿堂，不过短短几十年的时间。虽然时间不长，现代漆画已经成长为一个独具魅力的新生画种，不仅标志着中国传统漆艺的新发展，也标志着当代民族绘画的新创造。

福州是中国现代漆画发祥地之一。20 世纪 60 年代以来，这里有着一个人数众多，水平高超的漆画家群体。他们不囿于传统漆艺的束缚，遵循漆的规律去创造、去探索、去实践，在不停地探索实践中，创作出一批又一批优秀的漆画作品，极大地推动了现代漆画的独立和发展。福州漆艺也在新的时代结出了与以往迥然不同的丰硕成果，使现代漆画成为福州继脱胎漆器之后的又一骄傲。

89［黄文］描油，一名描锦，即油色绘饰也[①]**。其文飞禽、走兽、昆虫、百花、云霞、人物，一一无不备天真之色**[②]**。其理或黑**[③]**、或金**[④]**、或断**[⑤]**。**

[杨注] 如天蓝、雪白、桃红则漆所不相应也[⑥]。古人画饰多用油，今见古祭器中有纯色油文者[⑦]。

[注释]

①描油，一名描锦，即油色绘饰也：用“油色”在漆地上描画纹样的技法称为“描油”，即油色绘饰也。

②无不备天真之色：油与漆不一样，油是全透明的，漆本身是褐色的，漆调不出来的色彩，如白色、天蓝、粉红、嫩黄等自然之色，油都能调配出来，而且色彩鲜艳华丽。

③其理或黑：花纹上的纹理用黑色勾画的，称为“黑理钩描油”技法。

④或金：花纹上的纹理用金色细勾的，称为“金理钩描油”技法。

⑤或断：花纹上细勾的纹理，用雕刻刀�划的细纹，称为“划理描油”技法。

⑥如天蓝、雪白、桃红则漆所不相应也：天蓝、雪白、桃红只有用油才能调出。

⑦古人画饰多用油，今见古祭器中有纯色油文者：古代漆器多用“油色”描画。现在见到的古代祭祀用的漆器，其中就有用“油色”描画花纹的。

[解读] “描油”，是指用加了催干剂炼制的熟桐油调颜料在漆地上描画花纹的一种技法。由于“油色”在漆器描画上的使用，漆器上就可以画出人面、白花、白羽毛或描上天蓝、雪白、桃红等五彩斑斓的颜色，大漆描画所不能表现的图纹。“油色”的使用，丰富了漆器画面的色彩，让漆面图纹更加灿烂。

90[黄文] **描金罩漆[①]，黑、赤、黄三糙皆有之，其文与描金相似[②]。又写意则不用黑理[③]。又如白描亦好[④]。**

[杨注] 今处处皮市多作之[⑤]。又有用银者[⑥]，又有其地假洒金者[⑦]。又有器铭诗句等以朱或黄者[⑧]。

［**注释**］

①描金罩漆：在漆地上描画金色的纹样，干固后，罩上透明漆的技法。

②黑、赤、黄三糙皆有之，其文与描金相似：“描金罩漆”技法有黑漆地上描金罩漆、红漆地上描金罩漆、黄漆地上描金罩漆。在黑、红、黄的漆地上，用金底漆描画纹样，此种金色纹样的做法与“描金”技法一样（描金见 86）。

③又写意则不用黑理：“写意描金罩漆”是在金色纹样上直接罩透明漆，金色纹样上不再勾黑色纹理。

④又如白描亦好：白描是中国画技法名，指只用墨线勾描形象而不加修饰与渲染烘托的画法。这里的意思是，仿国画的白描技法在漆地上描画出金色的纹样。

⑤今处处皮市多作之：指皮胎描金罩漆的器物，箱匣以皮作胎，胎面上刷红漆或黑漆作地，漆地上用金色画花纹，花纹比漆地略高一些，有的花纹上面再用黑漆勾纹理，最后罩透明漆。花纹题材以山水楼台、人物较为常见，富有民间趣味。

⑥又有用银者：漆地上的花纹用银箔或银粉贴的，称为“描银罩漆”技法。

⑦又有其地假洒金者：漆地上的花纹用金银箔碎片作地子（见 85），上面再描画金色纹样的，称为“假洒金地描金罩漆”技法。

⑧又有器铭诗句等以朱或黄者：器物上用文字代替图绘作为髹饰，用朱色或者黄色的色漆来题写铭文或诗句。

［**解读**］“描金罩漆”技法是在漆地上描画金色的纹样，纹样干固后，罩上透明漆。漆地的颜色有黑色、红色、黄色。金色的纹样除有“细钩为阳”“疏理为阴”“黑漆理”等做法外，还有“写意描金”“白描描金”“描银罩漆”“假洒金地描金罩漆”做法等，还有用朱色或者黄色的色漆题写铭文或诗句来代替图绘作为漆器上的髹饰。皮胎描金罩漆的器物大多以箱匣类物品为主，这种皮胎小箱匣是晚清、民国时期民间的日用品。

填嵌第七

［**杨注**］五彩金钿，其文陷于地，故属阴，乃列在于此[①]。

［**注释**］

①五彩金钿，其文陷于地，故属阴，乃列在于此：“填嵌”技法，是漆面上先刻花纹，然后在凹陷的纹样里填上彩漆；或在漆地上用稠色漆料做出高低不平的纹样，然后用色漆填入磨平；或将金片、银片或五彩蚌螺片的纹样镶贴在漆地上，然后罩漆磨显、磨平。这一类需要用漆料填入凹陷处磨平的技法属于阴，现将这类做法列于此章。

91［黄文］填漆，即填彩漆也①。磨显其文，有干色，有湿色，妍媚光滑②。又有镂嵌者，其地锦绫细文者愈美艳③。

［**杨注**］磨显填漆，魏前设文。镂嵌填漆，魏后设文，湿色重晕者为妙④。又一种有黑质红细文者，其文异禽怪兽⑤，而界郭空闲之处，皆为罗文⑥、细条⑦、縠绉⑧、粟斑⑨、叠云⑩、藻蔓⑪、通天花儿⑫等纹，甚精致，其制原出于南方也⑬。

［**注释**］

①填漆，即填彩漆也：在漆面凹陷的纹样里填色漆。

②磨显其文，有干色，有湿色，妍媚光滑：指“磨显填漆”技法，一种是在漆地上直接用五彩色漆描绘堆高纹样；一种是在湿漆纹样上撒各种颜色的干色漆粉堆高纹样。上述两种做法干固后，漆体通体覆盖透明漆，透明漆干固后，进行磨平、推光工序，这样埋伏在漆下的纹样就显现出来，色彩鲜丽，漆面平滑光亮。

③又有镂嵌者，其地锦绫细文者愈美艳：指“镂嵌填漆”技法，是在漆面上直接镂刻出低陷的纹样，然后用色漆填平低陷的纹样，干固后，进行研磨、推光工序。“锦绫细文”，原意是彩色花纹的丝织品，这里是指漆地上镂刻的纹样好似丝织品上的细纹样。全句的意思是，把“锦绫细文”作为漆面的纹饰，虽费工却十分艳丽。

④磨显填漆，魏前设文。镂嵌填漆，魏后设文，湿色重晕者为妙：“磨显填漆”只要求在“糙漆”地子上髹饰纹样，故称“魏前设文”。“镂嵌填漆”是在“魏漆”

漆面上直接进行镂刻纹样，故称“麴后设文”。“湿色重晕者为妙”，指在凹陷的镂刻纹样里，用色漆由中心到外缘颜色渐进，由深到浅或由浅到深的填色，效果很美妙。

⑤又一种有黑质红细文者，其文异禽怪兽：有一种在黑漆面上镂嵌各种形态的细纹，填上红色漆，磨平露出黑底红细纹地子，上面覆压彩色的异禽怪兽的纹样，然后通体罩透明漆，最后进行研磨、推光工序。

⑥罗文：漆地上用刀勾画的，如网目一样的细纹样。

⑦细条：漆地上用刀勾画的，平行的细线条纹。

罗筛（陈伟凯摄）

干漆粉（陈伟凯摄）

⑧縠绉：漆地上用刀勾画的，弯曲起伏的细纹。

⑨粟斑：漆地上用刀勾画的，如粟斑小圆圈的细纹。

⑩叠云：漆地上用刀勾画的，似叠云状的细纹。

⑪藻蔓：漆地上用刀勾画的，形似水草的细纹。

⑫通天花儿：漆地上用刀勾画的，形似碎花的细纹。

⑬其制原出于南方也：以上几种黑地红细纹的地子，其上覆盖异禽怪兽的纹样制作技法源自南方。

[解读]“填漆”有两种做法，一种是“磨显填漆”，一种是“镂嵌填漆”。“磨显填漆”技法又分两种：1. 在漆地上直接用色漆描绘堆高纹样。2. 在湿漆纹样上撒各种干色粉堆高纹样。上述两种做法待透明漆干固后，进行研磨推光工序。“镂嵌填漆”技法有四种：1. 在漆面上直接镂刻出低陷的纹样，然后用色漆填平低陷的纹样，干固后进行研磨、推光工序。2. 把“锦绫细纹”镂嵌填色作为漆面的纹饰，干固后进行研磨、推光工序。3. 在凹陷的镂刻纹样里，用色漆由中心到外缘，由深到浅地晕色填色，干固后进行研磨、推光工序。4. 以罗文、细条、縠绉、粟斑、叠云、藻蔓、通天花儿等勾画的细纹填红色为地子，其上再覆盖五彩的异禽怪兽纹样，罩上透明漆，透明漆干固后，进行研磨、推光工序。

[工艺工序]

福州脱胎漆器髹饰技法的材料“干色漆粉”的制作工艺

1. 将各种颜色的色漆，不要太厚，均匀刷在塑料薄膜上，大小面积都可以。“大漆色漆”“油色漆”“腰果漆色漆”“磁漆色漆”等均可以。

2. 色漆干固后，去除塑料薄膜，留下色漆片。

3. 把色漆片放在粉碎机里打成粉末。

4. 用不同目的筛子分出大小颗粒的干漆粉。

5. 干色粉按照色彩、颗粒的大小归类分装待用。

92［**黄文**］绮纹填漆，即填刷纹也①。其刷纹黑，而间隙或朱、或黄、或绿、或紫、或褐②。又文质之色，互相反亦可也③。

［**杨注**］有加圆花文④，或天宝海琛图者⑤。又有刻丝填漆⑥，与前之刻丝花，可互考矣。

［**注释**］

①绮纹填漆，即填刷纹也：用特制的刷纹刷子蘸稠的色漆，在漆地上刷出预设的“绮纹”，干后，覆盖一道与此不同颜色的色漆，干固后，研磨推光，漆面显现出“绮纹”，称为“绮纹填漆”技法（绮纹见79）。

②其刷纹黑，而间隙或朱、或黄、或绿、或紫、或褐：漆面上“绮纹”的纹样用的是黑色漆料，纹样上覆盖的色漆可以用朱色漆、黄色漆、绿色漆、紫色漆、褐色漆等。这样，研磨后的漆面纹样间隙就会呈现或朱、或黄、或绿、或紫、或褐等色。

③又文质之色，互相反亦可也：“绮纹”的色漆颜色和覆盖“绮纹”的色漆颜色要不同，两者之间可以交换着用。如“绮纹”颜色是黑色的，覆盖“绮纹”的色漆是朱色的，对换后，“绮纹”的颜色是朱色的，覆盖“绮纹”的色漆是黑色的。依此类推，“绮纹填漆”的色彩变化就十分丰富。（“绮纹”的色漆要稠，覆盖“绮纹”的面漆要稀，一道填不平，可再重复填一道面漆。）

④有加圆花文：刷出的纹样是圆形的花纹图案。

⑤或天宝海琛图者：天宝海琛图指的是明代时期流行的传统八宝吉祥纹饰，如珍珠、珊瑚、祥云、方胜、书、鼎、灵芝、元宝等。

⑥刻丝填漆:“刻丝填漆”的纹样分为上下两层来做。先在漆地上做单色的细“竖纹刷丝”，然后填上与纹样不同的色漆，磨平后在竖纹上再做五彩的刷丝花纹，干固后，罩上透明漆，再进行研磨、推光工序。要求漆面与漆地的色彩、纹样都要纤细分明（刻丝花见80）。

［**解读**］“绮纹填漆”技法是用特制的刷纹刷子在漆地上刷出预设的

绮纹，干后，覆盖一道较厚的与此不同颜色的色漆，待干固后，研磨推光，显现出绮纹。与覆盖漆相比较，纹样的色漆一定要稠，但两种色漆入油量都不可超过20%。否则色漆硬度不够，推光不亮。覆盖漆可入少许松节油之类的稀释剂。

［**工艺工序**］

福州脱胎漆器髹饰技法“刷丝”的工艺工序与漆料配制

1. 底漆配方：广油15%，明油15%先搅拌融为一体，加入黑推光漆70%（要求漆面3小时左右结膜快干的黑推光漆），搅拌融合。最好漆与油掺拌后静置一周较好，因为漆与油相互之间的融合至少需要一周时间。

2. 黑推光漆先刷一道，较厚一些。

3. 在湿漆面上，马上用漆画笔画纹样（预先设计的），深画到漆地上。

李芝卿·脱胎漆器髹饰技法百片样板（之一）

李芝卿·脱胎漆器髹饰技法百片样板（之二）

4.纹样干固两周后，刷上一道金底漆，贴上铝箔粉。

5.金面干固一周后，上二道透明漆。

6.干固后进行研磨、推光、揩光等工序。

以上髹饰的纹样多为人物背景的装饰，如观音菩萨闪闪发光的背景。不用黑推光漆，也可用其他色漆。

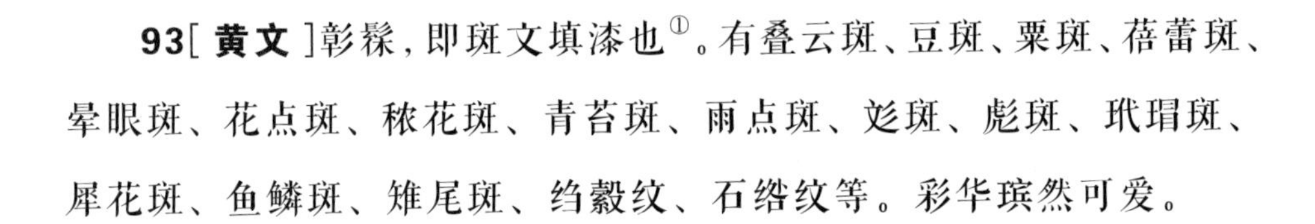

93［黄文］彰髹，即斑文填漆也①。有叠云斑、豆斑、粟斑、蓓蕾斑、晕眼斑、花点斑、秾花斑、青苔斑、雨点斑、彣斑、彪斑、玳瑁斑、犀花斑、鱼鳞斑、雉尾斑、绉縠纹、石绺纹等。彩华瑸然可爱。

［杨注］有加金者，璀璨炫目②。凡一切造物，禽羽、兽毛、鱼鳞、介甲，有文彰者皆象之，而极仿模之工，巧为天真之文，故其类不可穷也。

［注释］

①彰髹，即斑文填漆也："彰髹"的做法，就是用引起料在漆地上印出凹凸不平的自然纹样，在纹样上再覆盖一道或多道与底纹不同颜色的色漆。面上覆盖的色漆或同色或异色，视斑纹的要求而定。最后进行研磨、推光工序，漆面显现出华彩缤纷的斑纹。由于引起料有多种多样如禾壳、豆壳、粟壳等，所以产生的痕迹也多种多样，漆面呈现的纹样、色彩也多种多样。

②有加金者，璀璨炫目："彰髹"还有一种做法，就是在凹凸不平的自然纹样上贴金箔粉（现代用铝箔粉效果也很好），然后罩上一至二道透明漆，透明漆干固后，进行研磨、推光、揩光工序，漆面显现出璀璨炫目的斑纹。

［解读］"彰髹"技法，就是用引起料在漆地上印出凹凸不平的自然纹样，覆盖一道或多道与底纹不同颜色的色漆，各层色漆干固后，再进行研磨、推光、揩光等工序。书中记有叠云斑、豆斑、粟斑、蓓蕾斑、晕眼斑、花点斑、秾花斑、青苔斑、雨点斑、彣斑、彪斑、玳瑁斑、犀花斑、鱼鳞斑、

孙曼亭·《丹漆追梦》脱胎漆器花瓶（陈伟凯摄）

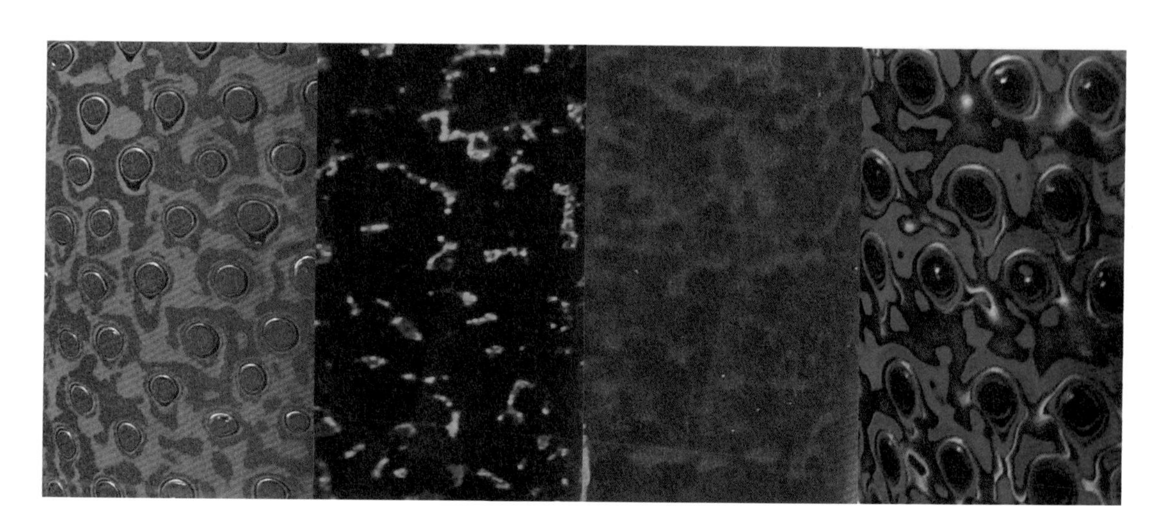

孙曼亭·《丹漆追梦》脱胎漆器花瓶局部（陈伟凯摄）

雉尾斑、绉縠纹、石绺纹等17种斑纹。

现在只介绍“禾壳”斑纹的具体做法：1. 在糙漆地上，刷上一道色漆（稍厚），漆面半干时，将禾谷的壳撒在湿漆面上。（禾谷的壳即引起料，见18）2. 漆面干固后，用角锹刮除漆面的禾谷壳，并用松节油之类的溶剂清洗干净漆面的湿漆，漆地上便显现出凹凸不平的天然纹理。3. 用细瓦灰擦除漆面的纹样，清除纹样上的溶剂油迹，然后用清水洗净瓦灰，擦干、晾干。4. 覆盖二道与底纹不同颜色的色漆。这两道色漆可同色也可异色。5. 色漆干固后，进行研磨、推光、揩光工序。

孙曼亭·脱胎漆器红宝闪光瓶（陈伟凯摄）

孙曼亭·脱胎漆器绿宝闪光瓶（陈伟凯摄）

“禾壳”还有一种做法，纹样上用“金底漆”薄薄均匀地刷一道，入荫房待干（金底漆见77）。待“金底漆”漆面结膜但有粘尾的最佳贴金时间贴上铝粉。金面干固一周后，刷两道透明漆。透明漆干固两周后进行研磨、推光、揩光工序。

“彰髹”技法中使用的所有色漆，入油成分不可超过15%（包括溶剂），色漆干固时间最好为两周以上，才能进行下一道工序，否则色漆硬度不够，推光不亮，黯暗不清。“彰髹”的纹样和覆盖漆都可以用不同的色漆来做。

［工艺工序］

福州脱胎漆器髹饰技法“荷叶赤宝砂”的工艺工序与漆料配制

一、工艺工序

1.将枯荷叶撕成约黄豆大小、形状不一的碎片。

2.在漆地上刷一道较厚的黑推光漆。要求黑推光漆漆面结膜快干时间4至5小时。

3.黑推光漆半干时，均匀撒上荷叶碎片，压实，入荫房待干。

4.漆面干固后用角锹刮除漆面的荷叶碎片，并用松节油之类的溶剂清洗干净荷叶碎片覆盖下的湿漆，漆面显现出凹凸不平的天然纹理。

5.用细瓦灰擦清留在纹样上的溶剂痕迹，并用清水洗净、晾干。

6.用金底漆薄薄均匀地刷一道，入荫房待干。

7.金底漆漆面结膜，但一定要有粘尾的最佳贴金时间，贴上铝箔粉。

8.贴金一周后，金面干固，刷上红透明漆两至三道（视凹凸纹样的高低而定）。

9.红透明漆干固后，进行研磨、推光、揩青（揩光）工序，漆面如璀璨炫目的红宝石。

工艺要点：1. 漆地上的纹样如有不均或缺失要补齐整后，才可做下一道工序。2. 贴金面要求莹亮无瘢斑。3. 红透明漆入漆颜料要精准。4. 透明漆面不可磨破，露出纹样，但又要折射出漆层里高、中、低肌理的层次，故每一道的工序都要为这最后的效果服务。

孙曼亭·赤宝砂脱胎漆器珍宝盒（陈伟凯摄）

二、漆料配制

1.黑推光漆80%（要求漆面5小时左右结膜快干的黑推光漆）、广油20%，充分调和成起纹样的底漆。

2.进口“西洋红”颜料调广油碾细（碾料见10）成“色脑”待用。

3.红推光漆80%（要求漆面5小时左右结膜快干的红推光漆）、广油20%、适量的“西洋红”色脑充分搅拌成红透明漆。（红透明漆的试样要刷在贴上铝箔的漆板上，试其色泽的透明度）

漆料配制的要点：1. 选最好的较透明的红推光漆，广油可加15%至20%。2. 入漆颜料为进口的“西洋红”，“西洋红”与广油碾磨要细，颜料入漆分量要精准，颜料多了，色泽太暗不通透，少了，色彩不鲜丽。红透明漆要多次试样板，以样板色彩而定。

福州脱胎漆器髹饰技法“荷叶赤宝砂”是近代福州最杰出的漆艺家、中国现代

孙曼亭·赤宝砂脱胎漆器珍宝盒（陈伟凯摄）

孙曼亭·赤宝砂脱胎漆器珍宝盒局部（陈伟凯摄）

漆画的奠基人之一李芝卿先生原创的。他受日本“七宝烧”漆艺品的启发，花了两年多的时间，反复试验才制作成功。初期，漆器表面髹饰难以达到理想效果，最后用枯荷叶撕成碎末，均匀地粘在湿漆面上，等漆面干固后，把枯荷叶碎末刮掉，再用松节油将枯叶末洗干净，漆面便显现出自然美丽的纹样。在纹样上贴上银箔粉，罩上深红透明漆，经打磨、推光、揩光工序，即显现出瑰丽的花饰，犹如深邃闪光的红宝石花。1957 年 8 月，全国第一届工艺美术艺人代表会在北京召开，李芝卿先生作为大会主席团成员向大会献礼的就是一对深红色、瑰丽闪光的“荷叶赤宝砂”大花瓶。1958 年国产第一辆红旗牌高级小轿车上的仪表板，也是李芝卿先生用“荷叶赤宝砂”这一漆艺技法髹饰的，与轿车整体的装饰非常谐调，得到专家们的一致好评。

[工艺工序]

福州脱胎漆器髹饰技法“绿宝闪光”的工艺工序和漆料配制

一、工艺工序

1. 用干的丝瓜络蘸色漆在漆地上点出高、中、低的纹样。此道工序至关重要，要求漆地的纹样有均匀的高、中、低之分。纹样的高度要大致齐平。

2. 纹样干固后，在漆面纹样上均匀刷上“金底漆”，等“金底漆”漆面结膜但一定要有粘尾的最佳贴金时间贴上铝粉。金面要求饱满灿亮，这很重要。

3. 贴金要干固一周后，再刷上绿透明漆。第一道绿透明漆要干固一周后，视纹样的高低，再上一道或两道绿透明漆。

4. 最后一道绿透明漆刷完，干固时间要 20 天，才能进行研磨、推光、揩光工序。

二、漆料配制

（一）纹样色漆的配方

脱胎漆器胆式瓶地底 （陈伟凯摄）

孙曼亭在刷绿透明漆（陈伟凯摄）

孙曼亭在点纹样 （陈伟凯摄）

绿宝闪光髹饰技法：漆地纹样（陈伟凯摄）

1. 绿色入漆颜料调广油碾细成“色脑”待用，钛白粉调广油碾细成“色脑”待用。

2. 红推光漆80%（要求漆面3至4小时结膜快干、相对透明的红推光漆）、广油20%，调合成透明漆。

3. 绿、白“色脑”与透明漆调配成浅绿色的纹样色漆（以设定色相为准），充分搅拌静置三四天。

（二）绿色透明漆的配方

1. 进口入漆绿颜料与广油调成泥状，碾细成“色脑”待用。

2. 红推光漆80%（要求漆面4至5小时结膜快干的红推光漆）、广油20%、适量的绿色“色脑”充分搅拌成绿透明漆，静置一周比较好用。

“绿宝闪光”髹饰技法的要点是漆面不能磨破露出纹样，但又要折射出漆层里高、中、底肌理的层次。要达到这种效果，必须做到以下几点：1. 漆面纹样肌理高、中、低均匀，纹样的高度大致齐平。2. 纹样贴金金面饱满莹亮。3. 要用进口的入漆绿颜料，透明度强，色泽深绿。4. 入漆的绿颜料要精准。5. 选择色泽透明的红推光漆作为绿透明漆的漆料。

李芝卿先生的“荷叶赤宝闪光”做法是把碎荷叶作为漆面纹样的引起料。近年来松节油、樟脑油不纯，清洗漆面纹样的同时也破坏了漆面纹样的肌理，纹样变得不尽人意，既费工又费料。为了寻求突破，笔者花了两年多的时间，用各种材料反复试验，初期难以达到理想效果，后以丝瓜络为工具、漆色料为漆面肌理的底料，做出的肌理有高、中、低凹度。再在这样的漆面肌理上贴上银箔粉，罩上深红透明漆，打磨推光，即呈现出瑰丽的花饰。这点突破对笔者来说是不够的，李芝卿先生的“荷叶赤宝闪光”用的入漆颜料是德国的洋红，为让“赤宝砂”色彩更为丰富，笔者用绿色颜料入漆调配为绿透明漆，绿透明漆的绿粉与漆的调配要求更为精准。绿粉多了，漆面色泽太暗，无法显示出绿色的漆层里高、中、低的肌理；少了，则漆面色泽显草绿色，达不到预期的效果，所以入漆绿粉一定要精准。为了追求配制绿透明漆的精准，笔者不断地试制样板，从中定出最佳的绿颜料的入漆标准。

2016年，笔者的“绿宝闪光”胆式瓶入选北京“2016中国当代工艺美术双年展”，被中国工艺美术馆收藏。

［**工艺工序**］

福州脱胎漆器髹饰技法“赤宝砂”的工艺工序与漆料配制

一、工艺工序

1. 用干的丝瓜络蘸色漆在漆地上点出纹样。

2. 纹样干固后，在漆面纹样上均匀刷上“金底漆”，等“金底漆”漆面结膜但一定要有粘尾的最佳贴金时间贴上铝箔粉。金面要求饱满灿亮，这很重要。

3. 贴金要干固一周后，刷上两道透明漆。

4. 透明漆干固一周后，漆面上再刷上一道与纹样不同的色漆。

5. 色漆干固20天后，进行研磨、推光、揩青（揩光）工序。

二、漆料配制

（一）纹样色漆的配方

1. 颜料调广油成泥状碾细，成“色脑”待用。

2. 红推光漆90%（要求漆面4至5小时结膜快干的红推光漆）、广油10%充分搅拌，静置三四天，成为透明漆。

3. 透明漆与不同颜色的“色脑”调和，成为“纹样色漆”和“覆盖色漆”。

孙曼亭・赤宝砂脱胎漆器胆式瓶漆地纹样

孙曼亭·赤宝砂脱胎漆器胆式瓶（陈伟凯摄）

孙曼亭·赤宝砂脱胎漆器花瓶（陈伟凯摄）

孙曼亭·赤宝砂脱胎漆器茶洗（陈伟凯摄）

两者之间的色漆可以互换使用，但纹样的色漆要调稠一些，覆盖的色漆可入少许溶剂稀释并过滤干净。

（二）透明漆的配方

1.红推光漆80%（要求漆面4至5小时结膜快干的红推光漆）、广油20%，充分搅拌成为透明漆，静置三四天比较好用。

2.要求细过滤。

福州脱胎漆器髹饰技法“釉变”的工艺工序

“釉变”技法是模仿陶器的流淌纹样，将两种以上的色漆和汽油混调，利用汽油的挥发性和流动性，变化出各种纹样，所谓“成文天然，不拘成规”。纹样罩上透明漆，再进行研磨、推光、揩青（揩光）工序。由于各种色漆的混搭、相互迭彩，构成如行云流水，变化万千的自然纹样。

孙曼亭·赤宝砂脱胎漆器圆盘（陈伟凯摄）

1. 红推光漆（要求漆面4至5小时结膜快干的红推光漆）调色脑，成设定的色漆颜色，可调二至三种不

孙曼亭·釉变脱胎漆器花瓶
（陈伟凯摄）

孙曼亭·釉红脱胎漆器胆式瓶
（陈伟凯摄）

孙曼亭·釉变脱胎漆器花瓶
（陈伟凯摄）

孙曼亭·釉变脱胎漆器花瓶
（陈伟凯摄）

孙曼亭·釉红脱胎漆器花瓶
（陈伟凯摄）

孙曼亭·暗花脱胎漆器胆式瓶
（陈伟凯摄）

孙曼亭·赤宝砂脱胎漆器茶具（陈伟凯摄）

同色彩的色漆。

2. 色漆里调入汽油，汽油的含量以所需的色彩和纹样而定。

3. 将含汽油的色漆髹饰在漆地上，可用油画笔作为纹样的工具。

4. 刷含汽油的色漆作为纹样底色，再用油画笔蘸另一种含汽油的色漆作为点缀纹样。

福州脱胎漆器髹饰技法“暗花”的工艺工序

“暗花”技法是在漆地上画上彩画或者印上图纹，然后罩上透明漆；透明漆干固后，再进行研磨推光工序，使彩画和图纹藏在透明漆里。该技法将明饰变为暗饰，含蓄而耐人寻味。

1. 漆地上绘彩画或印上图纹。

2. 彩画或图纹干透后，罩上一道薄薄的透明漆。

3. 再覆盖一道较厚的透明漆。

4. 透明漆干透后（至少一周后）进行研磨、推光、揩青（揩光）工序。

暗花·脱胎漆器方盘

94［黄文］螺钿，一名甸嵌，一名陷蚌，一名坎螺，即螺填也①。百般文图，点、抹、钩、条，总以精细密致如画为妙②。又分截壳色，随彩而施缀者，光华可赏③。又有片嵌者，界郭理皴皆以划文④。又近有加沙者，沙有细粗⑤。

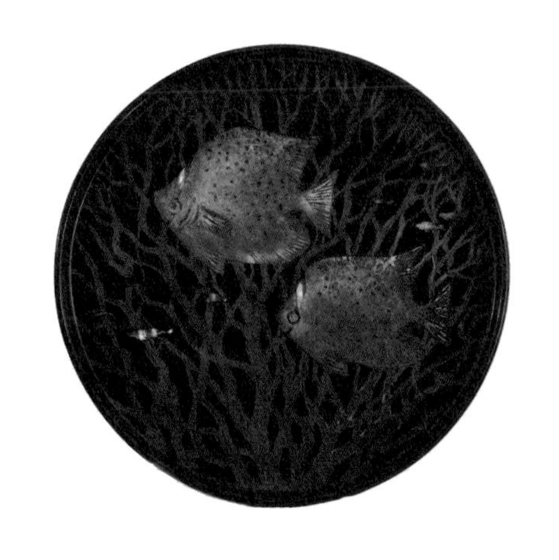

廖国宁・静海（漆画小圆盘）

［杨注］壳片古者厚，而今者渐薄也⑥。点、抹、钩、条，总五十有五等，无所不足也。壳色有青、黄、赤、白也。沙者壳屑，分粗、中、细，或为树下苔藓，或为石面皴纹，或为山头霞气，或为汀上细沙。头屑极粗者，以为冰裂纹，或石皴亦用。凡沙与极薄片，宜磨显揩光，其色熠熠，共不宜朱质矣⑦。

［注释］

①螺钿，一名甸嵌，一名陷蚌，一名坎螺，即螺填也。"螺钿"是在蚌螺壳加工而成的薄片上，用刀或模凿裁割出人物、花鸟、几何图形或文字等，根据画面的需要镶嵌在器物表面的装饰工艺的总称。

②百般文图，点、抹、钩、条，总以精细密致如画为妙：点、抹、钩、条指的是加工好的蚌螺片的部件。这些部件是加工蚌螺片的工具模凿、斜头刀、锉刀等裁切出来的，共有几十种。这些部件可拼合很多式样各异的图案镶嵌在漆器上，漆器上的各种螺钿图纹以拼合精细密致为好。

③又分截壳色，随彩而施缀者，光华可赏：蚌壳螺壳的颜色有青、黄、红、白等，根据画稿纹样的色彩分段截取，使蚌螺纹样的画面近似设色的描画，达到光华可赏的效果。

④又有片嵌者，界郭理皴皆以划文：蚌螺的嵌片，是依照图纹的各个部位的形状来裁切的，所以各片拼合的纹缝，都成了画面的线条，但不完整。如花叶的经

脉、树石的皴擦、禽兽的羽毛、人面的眉眼口鼻、衣服的皱褶等都要用刀划纹并黑漆填纹。如果纯粹是图案的厚蚌螺纹样，也要沿着轮廓周缘加划纹，方能显示花纹的组织并增强线条的效果。

⑤又近有加沙者，沙有细粗：把蚌螺片加工成似沙样的有粗有细的颗粒。

⑥壳片古者厚，而今者渐薄也：漆器上的"螺钿"做法，大体可分为"厚螺钿"与"薄螺钿"技法。现在所能见到的唐代漆背嵌螺钿铜镜，用的就是"厚螺钿"技法。明代中叶以后"薄螺钿"技法渐渐普及，所以说"古者厚而今者渐薄也"。

⑦凡沙与极薄片，宜磨显揩光，其色熠熠，共不宜朱质矣：在黑色的漆地上镶嵌薄的蚌螺片纹样或蚌螺片沙屑，其上覆盖黑推光漆，再进行研磨、推光、揩光的工序，漆面上的纹样光滑莹亮。如果漆面上的覆盖漆换作朱色的漆料，则达不到这种效果，故不宜用朱色漆。

郑益坤·蝶恋花

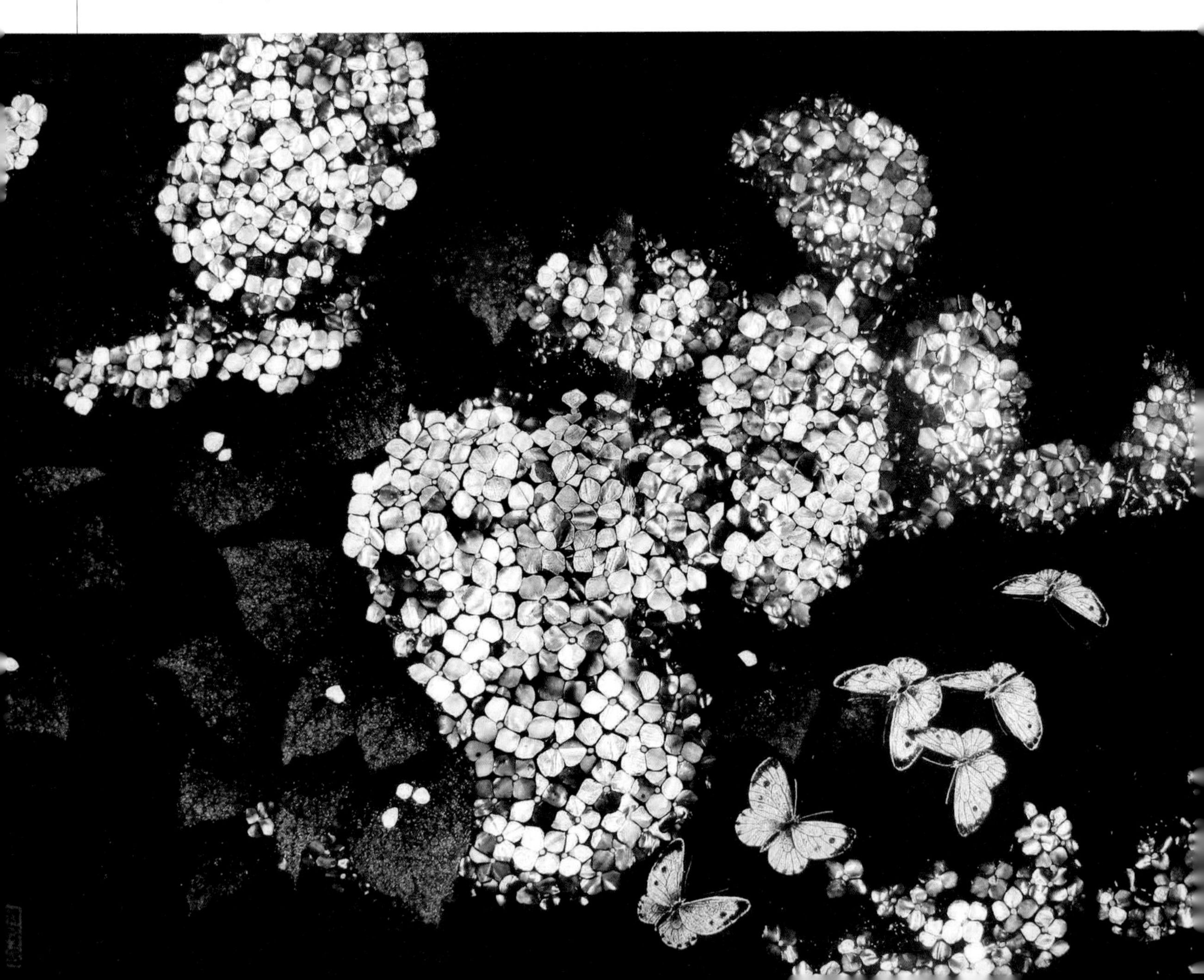

［**解读**］“螺钿”技法又有“甸嵌”“陷蚌”“坎螺”等名称。“螺钿”技法是中国传统艺术的瑰宝。由于蚌壳、螺壳等是天然之物，外观天生丽质，具有十分强烈的视觉效果，所以是一种常见的传统装饰艺术的材料，被广泛应用于漆器、家具、乐器、木雕等工艺品上。

“螺钿”漆器大体分为“厚螺钿”与“薄螺钿”技法两大类，也称为“硬螺钿”和“软螺钿”技法。“厚螺钿”的制作工艺是：1. 在漆器中灰的坯胎上，粘贴2毫米厚的蚌螺纹样。2. 刮细漆灰两道。3. 水磨漆灰，磨显蚌螺纹样。4. 糙漆一道。5. 糙漆水磨，磨出蚌螺纹样。6. 在蚌螺纹样上用刀刻划经脉、界廓、皴纹等。7. 通体刷上黑推光漆。8. 进行研磨、推光、揩光工序。“薄螺钿”制作工艺为：1. 在漆地上贴牢薄片蚌螺纹样。2. 通体覆盖一道黑推光漆。3. 漆干固后，进行研磨、推光、揩光工序。

［**工艺工序**］

福州脱胎漆器髹饰技法“螺钿镶嵌”的工艺工序

1. 选择与设定画面色彩一致的粗加工蚌螺薄片。

2. 磨成厚0.5毫米以下的薄片。

3. 将薄片切割成设定的形状（可拼贴）

4. 在蚌螺纹样的背面涂上色漆作为粘胶。一般涂蓝色或绿色的色漆，效果好。

5. 贴嵌在设定的画面中。

6. 干固后，罩上黑推光漆。

7. 黑推光漆干固后，磨显纹样，再进行推光、揩光工序。

95［**黄文**］衬色甸嵌，即色底螺钿也[①]。其文宜花鸟、草虫，各色莹彻，焕然如佛朗嵌[②]。又加金银衬者，俨似嵌金银片子[③]，琴徽[④]用之亦好矣。

［**杨注**］此制多片嵌划理也[⑤]。

［**注释**］

①衬色甸嵌，即色底螺钿也："衬色甸嵌"技法是以透明的蚌螺壳薄片作花纹，在纹样的底面涂上不同的色漆，不同的色漆透过壳面，色彩晶莹通彻。

②其文宜花鸟、草虫，各色莹彻，焕然如佛朗嵌：蚌螺壳纹样的底面涂上不同的色漆后，宜嵌作花鸟、草虫图案，五彩莹彻，好像佛朗嵌。佛朗嵌今称作"景泰蓝"。

③又加金银衬者，俨似嵌金银片子：在蚌螺壳纹样的底面衬上金色或银色，好像是金片和银片的镶嵌。

④琴徽：琴徽是古琴面板上镶嵌的十三个小圆星（音位的标识），通常用金制成，如用衬金蚌螺壳片制成，效果也似金制的。

⑤此制多片嵌划理也："衬色甸嵌"技法的蚌螺片纹样的正面，多用刀刻划纹理和皴纹。

［**解读**］"衬色甸嵌"技法是在蚌螺壳纹样的底面涂上不同的色漆，不同的色漆透过壳面，色彩晶莹通彻。多用来嵌作花鸟、草虫图案，五彩莹彻美如景泰蓝。有的还在蚌螺壳纹样的底面衬上金色或银色，看起来好像是嵌了金片银片似的。现在也用这种技法制作金色琴徽，效果还不错。

"衬色甸嵌"技法大多在蚌螺片纹样的正面，用刀刻划纹理和皴纹，然后进行填黑漆、研磨、推光、揩光工序。蚌螺纹样的衬色可用"色漆"，也可用"油色"。

96［黄文］嵌金、嵌银[①]、嵌金银[②]。右三种，片、屑、线各可用[③]。有纯施者，有杂嵌者，皆宜磨显揩光[④]。

［**杨注**］有片嵌、沙嵌、丝嵌之别。而若浓淡为晕者，非屑则不能作也[⑤]。假制者用鍮、锡，易生霉气，甚不可[⑥]。

[**注释**]

①嵌金、嵌银：将厚度0.1毫米的金片或银片，剪镂成各种纹样，涂上粘胶，贴在漆地上，再刷上黑推光漆。黑推光漆干固后，研磨显露金色或银色的纹样，使嵌于漆地上的金银片纹样与漆膜层完全平整一致，然后进行推光、揩光工序，金银光泽映照在黑色漆面上格外熠熠生辉，充分显示出器物的华贵。

②嵌金银：金片和银片混合镶嵌的图纹。

③右三种，片、屑、线各可用：右三种指片、屑、线。片，金片银片。屑，金片银片的大小碎片。线，金片银片的丝条。无论是嵌金、嵌银、嵌金银，都可以单纯采用金片或银片、金屑或银屑、金丝条或银丝条来嵌制。也可以三者混合使用。

④有纯施者，有杂嵌者，皆宜磨显揩光：无论是嵌金、嵌银，还是嵌金银，都要进行黑推光漆的覆盖和磨显、推光、揩光工序。

⑤而若浓淡为晕者，非屑则不能作也：如果漆面上要表现浓淡晕染的效果，那一定要用金片银片的碎屑来嵌制。

⑥假制者用鍮、锡，易生霉气，甚不可：鍮，自然铜。《本草纲目》："其色青黄如铜，不从矿炼，故号自然铜。"因其色黄，故可用它来代替金。锡色白，用它来代替银。鍮、锡都比金、银容易氧化，时间稍长就会霉黑，所以不能用它们来代替金和银。

[**解读**] 流行于盛唐的"金银平脱"工艺，是髹漆工艺和金属工艺相结合的装饰技法，即"嵌金""嵌银"技法。工匠将金银熔化，制成厚度0.1毫米的金片和银片。漆工根据设计好的图案，剪镂成各种纹样，然后将成型的金银片纹样贴于漆地，再刷上黑推光漆，待漆层干固后，磨显出金色或银色的纹样，使嵌于漆地上的金银片纹样与漆面完全平整一致，再进行推光工序，达到金银光泽映照在黑色漆面上绚烂夺目的效果，显示器物的华贵之气。

福州脱胎漆器"台花"髹饰技法与"金银平脱"工艺很相似。"台花"技法创始人是福州漆艺大家李芝卿先生。他受唐代"金银平脱"工艺的启发，用锡箔片代替金片和银片镶嵌在漆地上。与"金银平脱"工艺不同的是，福州"台花"工艺技法是先将锡箔片粘贴在漆地上，然后在漆地上的锡箔片上雕刻出纹样来，而"金银平脱"工艺是将金银薄片剪镂成纹样成型后，再粘贴在漆地上。

［工艺工序］

福州脱胎漆器髹饰技法“台花”的工艺工序

1. 锡箔片厚约0.1毫米。

2. 锡箔粘胶的配制：鱼鳔加水煮成液体，稍凉，调提庄漆成胶状即可。

3. 剪去锡箔片不整齐的四边，用牛角锹刮平锡箔片。

4. 用头发团沾瓦灰，将每一片锡箔片的正面擦去污浊，洗净，擦去水渍、晾干待用。此道工序是为了增强锡箔与漆地的附着力。

5. 将锡箔用牛角锹刮平整，再用牛角锹将“锡箔粘胶”均匀地布满锡箔片，不要太厚，再对贴一张锡箔片，然后将两张对贴的锡箔片刮实。

6. 将一对一对的锡箔分开，按纹稿的面积贴在漆地上。入荫房干透。

7. 将纹样草稿拷贝在锡箔片上。

8. 在锡箔片上雕刻出纹样。

孙曼亭·台花桌屏

9. 纹样上刷一道黑推光漆（稍厚）。

10. 磨显纹样，进行推光、揩光工序。

工艺要点：1. 锡箔面积小，图案画面大，所以要将一张一张的小锡箔拼合成一张大锡箔，图案画面上不能留下拼接的痕迹，拼接粘贴工序很重要。要准备一把刀口薄而锋利的雕刻刀。拼接时，将锡箔粘贴在漆地上，锡箔张与张的边沿要重叠2毫米宽，刮实，用刀从重叠的2毫米中间切一条直线下去。一张挑去上面的一毫米，一张挑去下面的一毫米，刮实对接。这样两张对接的锡箔就可以做到天衣无缝。2. 两张锡箔对贴的那一面都是用瓦灰擦过清洗的那一面，也是贴在漆地的那一面。3. 漆地上锡箔粘贴的漆迹要磨掉才能覆盖推光漆，磨时注意不要损伤锡箔纹样。

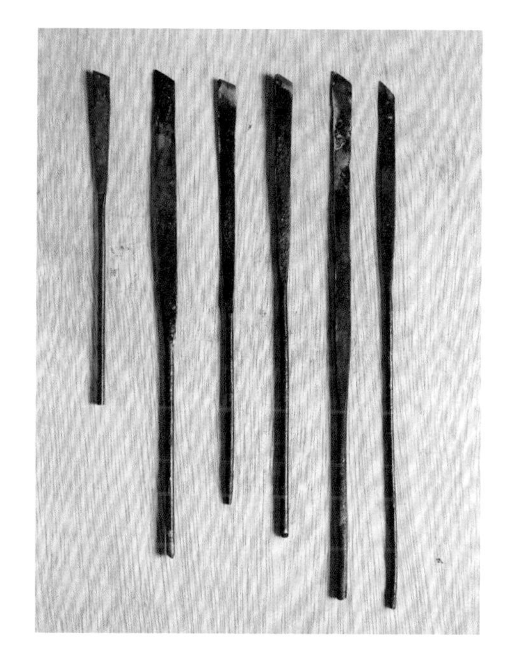

台花雕刻刀 （陈伟凯摄）

福州脱胎漆器“台花”髹饰技法因把锡箔作为装饰漆器的材料，锡箔容易黯黑以及其他的种种原因，故近年来此种工艺技法逐渐销声匿迹，笔者50年前跟随师父学的漆艺技法之一就是“台花”的雕刻技法。

福州脱胎漆器髹饰技法“台彩”的工艺工序

1. 剪去锡箔片不整齐的四边，用牛角锹刮平锡箔片。

2. 用头发团沾瓦灰，擦去锡箔片正面那一面的污油，洗净，擦去水渍，晾干待用。

3. 将锡箔用牛角锹刮平整，再用牛角锹将“锡箔粘胶”均匀地布满锡箔片，不要太厚，再对贴一张锡箔片，然后将两张对贴的锡箔片刮实。

4. 将对贴的锡箔分开，贴在漆地上。入荫房干透。（锡箔贴法参照上一条“台花”）

5. 将纹样画稿拷贝在锡箔片上。

6. 锡箔片上只留下花纹的双勾线描（白描稿），余下部分剔刻掉。

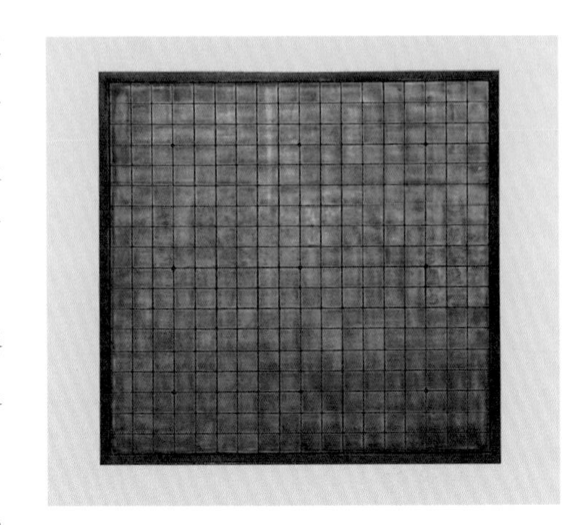

孙曼亭·台花围棋板

7. 在白描的线纹里填上五彩色漆。

8. 彩色纹样干固后覆盖一道黑推光漆。

9. 黑推光漆干固后，磨显纹样，再进行推光、揩光工序，漆面上显现出彩色的银边花纹，十分雅致。

福州脱胎漆器髹饰技法“雕填”的工艺工序

“雕填”，顾名思义，即先雕刻、剔空凹陷的纹样，然后在纹样里“填色”“填金”或“髹饰纹样”的技法。

1. 在漆地上贴上锡箔片。

2. 在锡箔上雕刻出纹样。

3. 在漆地纹样上刷一道黑推光漆（稍厚）。

4. 黑推光漆干固后，将埋在漆里的锡箔纹样全部剔出，漆面显现出凹陷的花纹。

台彩方盘

5. 按图纹色彩的需要，填上五彩色漆或一色色漆。

6. 填漆部分的色漆干固后，通体进行研磨、推光、揩青（揩光）工序。

97［黄文］犀皮，或作西皮，或犀毗[①]。文有片云、圆花、松鳞诸斑[②]。近有红面者，以光滑为美[③]。

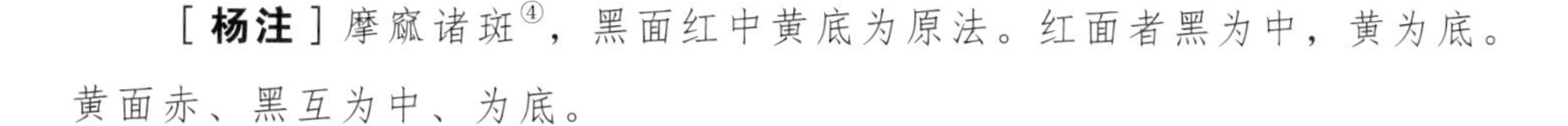

［杨注］摩窳诸斑[④]，黑面红中黄底为原法。红面者黑为中，黄为底。黄面赤、黑互为中、为底。

［注释］

①犀皮，或作西皮，或犀毗："犀皮"技法是在漆地上用稠的色漆点起较高的纹样（纹样上尖下大），干固后，通体刷上两三道不同色彩的色漆（均与纹样不同的颜色）。各层的色漆干固后，磨平显现纹样，再进行推光、揩光工序，达到漆面光滑，纹样天然流动，色泽绚烂夺目的效果。

②文有片云、圆花、松鳞诸斑：漆面上显现出的纹样有行云状斑纹、圆花样斑纹、松树干的鳞皴斑纹。

③近有红面者，以光滑为美：近来有在漆地上，以黄色漆起纹样，在纹样上刷一道黑推光漆，然后再覆盖一道红色面漆，研磨推光后，漆面光滑美观。

④摩窳诸斑：漆地上的各种斑纹是由不同色漆覆盖在凸起纹样上再研磨而成的。"摩"研磨，磨显斑纹。"窳"原意粗劣，这里是指刻意在漆地上留下的待填色漆的凹陷纹样。

［解读］古代的"犀皮"技法工艺工序是：1. 漆地上，以黄色漆起纹样。2. 漆地纹样上刷一道红色漆。3. 再覆盖一道黑推光漆（面漆）。近年来，"犀皮"技法工艺工序为：漆地上，以黄色漆起纹样；漆地纹样上刷一道黑推光漆；再覆盖一道红色漆（面漆）。或漆地上，以红色漆起纹样；漆地纹样上刷一道黑推光漆；再覆盖刷一道黄色漆（面漆）。或漆地上，以黑色漆起纹样；

漆地纹样上刷一道红色漆；再覆盖一道黄色漆（面漆）。以上无论哪一种做法，都要进行磨显纹样，漆面光滑无凹凸为要，然后再进行推光、揩光工序。

［**工艺工序**］

福州脱胎漆器髹饰技法“同色犀皮”的工艺工序和漆料配制

一、工艺工序

1. 用干丝瓜络蘸稠色漆在漆地上起较高的纹样。

2. 15天后，纹样干固后，用与纹样色漆同色的色漆（稀一些）在纹样上刷一道（较厚）。

3. 5天后，色漆干固后，在较高的纹样上再用同色色漆刷高一些。

4. 10天后，色漆干固后，在纹样上刷上一层薄而均匀的“金底漆”。

5. 待“金底漆”漆面结膜，但一定要有粘尾的最佳贴金时间，贴上铝箔粉。将铝箔捣碎成粉末，贴出来的效果比市面上现成的铝粉效果好。

6. 贴金一周后，上第一道透明漆。

7. 3天后透明漆干固，再上一道金底漆，再贴一次铝箔粉。

8. 一周后，上第二道透明漆。干固后，再上第三道透明漆。

9. 3天后，在透明漆面，用与纹样同色的色漆覆盖一道。

10. 15天后，色漆干固，进行研磨、推光、揩青（揩光）工序。

二、漆料配制

1. 佛山银朱50%、大红颜料40%、黄色颜料10%，各调广油成泥状，碾细成“色脑”，分装待用。

2. 红推光漆100%（要求漆面4小时左右结膜快干的红推光漆）。

3. 以设定的色相为准，将三种色脑与漆充分搅拌静置三天后用。

4. 透明罩漆的配料：红推光漆80%（要求漆面4小时左右结膜快干的红推光漆），广油20%充分搅拌成透明漆，静置一周后过滤使用。

5. 金底漆配制（见77）。

福州脱胎漆器“同色犀皮”髹饰技法的要点：①色漆料的调色很重要，要试板，多试几次，色漆料里不可入油，因为入了颜料，色料性就变软了，如果再入油，经不起推光工序的摩擦，色料就塌陷了。②前一道色漆干固后，才能覆盖第二道色漆。③贴金面要求莹亮无瘢斑、无粉黄。④透明漆漆面无皱、无下垂泪点，入油量不超过20%。⑤最后一道色漆上漆后要20天后才能进行研磨、推光、揩青（揩光）工序。

阳识[①]第八

[**杨注**] 其文漆堆挺出为阳中阳者[②]，列在于此。

[**注释**]

①阳识：用漆或漆灰在漆地上堆出的花纹，而不是用刀雕琢的花纹，纹样高出漆地，故曰“阳识”。

②其文漆堆挺出为阳中阳者：用漆或漆灰在漆地上堆出纹样，然后在纹样上再加以“描金”或“描彩漆”的做法，曰“阳中阳”。

[**解读**] “识”是阳字挺出者，“款”是阴字凹入者。“阳识”的做法是用漆或漆灰堆出高于漆地的纹样，纹样不用刻刀加以雕琢。纹样上或描金或彩漆、或纯色素漆等髹饰，属于阳中阳者，列在此章。

98 [黄文] 识文描金，有用屑金者，有用泥金者[①]，或金理，或划文[②]，比描金则尤为精巧[③]。

[**杨注**] 傅金屑者贵焉。倭制殊妙[④]。黑理者为下底。

［**注释**］

①识文描金，有用屑金者，有用泥金者："识文描金"技法是在漆地上，用漆或漆灰堆起高低起伏的纹样，干后，刷上金底漆，贴金。贴金工艺又分为"屑金"和"泥金"两种做法："屑金"的做法是在漆地上用漆堆成设计的纹样，纹样干后，刷一道"金底漆"，"金底漆"漆面结膜但一定要有粘尾的最佳贴金时间，撒上碎金箔（屑金见16）。"泥金"的做法是在漆地上用漆堆成设计的纹样，纹样干后，刷一道"金底漆"，"金底漆"漆面结膜但一定要有粘尾的最佳贴金时间，粘贴金粉（泥金制作见2）。

②或金理，或划文："识文描金"的花纹上金之后，花纹的纹理有三种不同的做法：金理，花纹上面用金色勾纹理；划文，花纹上面用刀划出纹理；黑理，花纹上面用黑漆勾纹理。三种做法以黑理最为省工，但效果不如前两种精致，故杨注说："黑理者为下底"。

③比描金则尤为精巧："识文描金"技法比"描金"技法更为精巧。"描金"技法是在漆地上用漆描画花纹，然后贴金。而"识文描金"技法则是在漆地上用漆或漆灰堆起高低起伏的纹样，用高低起伏的纹样来表现物象，更为生动有趣。所以两种技法相较，"识文描金"技法显得更为精巧。

④倭制殊妙：中国的"识文描金"技法，日本称为"高莳绘"技法。约于我国元明之际，日本的描金漆器技法就达到了很高的工艺水平。

［**解读**］"识文描金"技法是在漆地上用漆或漆灰堆起高低起伏的纹样，纹样干后，刷上"金底漆"贴金。贴金工序结束后，花纹纹理的处理有"金理""划文""黑理"三种做法。

［**工艺史话**］

日本"莳绘"漆工艺技法

"莳绘"是日本漆工艺技法之一。"莳绘"的词意思是绘画及纹样的表现。日本"莳绘"技法产生于奈良时代（约我国唐代），以金屑、银屑、金粉或银粉加入漆液中，干后，罩透明漆，做研磨、推光处理。漆面显示出金银色泽，极尽华贵。日本的"莳绘"技法大致可分为四种："研出莳绘""平莳绘""高莳绘""肉合莳绘"。

1.研出莳绘：用漆在漆地上描绘纹样，湿漆时撒上金银粉或色粉，等干燥以后再通体刷透明漆，漆层干固后进行研磨、推光工序。

2.平莳绘：在漆面上描绘纹样，湿漆时撒上金粉，待漆干了，在纹样的那部分刷上透明漆，进行研磨、推光工序。这样漆面上的纹样会出现微微隆起的效果，纹样轮廓的表现更加清晰，整体更为流畅生动。多用于表现线条及作为"高莳绘"的辅助手段。

3.高莳绘：用漆液在绘制的漆纹上堆高，或用漆液混合炭粉、漆灰堆塑成浮雕式的纹样，待漆干了，再刷金底漆，撒金屑或泥金，营造立体感，在突起部分描漆洒粉再进行研磨。它是莳绘从平面二维走向立体三维创作的一个突破，让凹凸感不受拘束，表现更加强烈的写实感，有很强的表现力。

4.肉合莳绘：随着漆绘图案的日趋精巧华丽，在"高莳绘"技法的基础上还发展了一种"肉合莳绘"的技法，它使隆起的漆面形成缓坡，多用来表现山岳与云彩，使漆面的表现更生动、更逼真。

日本"莳绘"技法所表现的纹样多彩多样，大多为自然景物与花草装饰，表现一种"日本的美"，山川、千岛、藤、樱等景物都体现日本特有的审美情趣。

99［黄文］识文描漆，其着色或合漆写起，或色料擦抹①，其理文或金、或黑、或划②。

［**杨注**］各色干傅，末金理文者为最③。

［**注释**］

①识文描漆，其着色或合漆写起，或色料擦抹："识文描漆"技法就是在漆地上，用漆或漆灰堆起高低起伏的纹样，干后，用色漆描画纹样。色漆描画纹样分为"合

漆写起”和“色料擦抹”两种做法。

②其理文或金、或黑、或划：“识文描漆”花纹纹理的做法有“金理”“黑理”“划文”三种。

③各色干傅，末金理文者为最：各种颜料色粉擦抹后的花纹用金色勾纹理的效果最好。“末金”即金粉。

[**解读**]“识文描漆”技法就是在漆地上，用漆或漆灰堆起高低起伏的纹样，纹样干固后，用五彩色漆描画。色漆描画分为“合漆写起”与“色料擦抹”两种做法：1.“合漆写起”是在漆地上用漆堆成设计的纹样，纹样干固后，直接用五彩色漆描画。2.“色料擦抹”是在漆地上用漆堆成设计的纹样，纹样干固后，纹面上刷一道底漆，等漆面结膜但一定有粘尾时，将各色颜料粉擦敷上去。花纹纹理有“金理”“黑理”“划文”三种不同的做法：1.“金理”，花纹上面用金色勾纹理。2.“黑理”，花纹上面用黑漆勾纹理。3.“划文”，用刀划出纹理。

100 [黄文] 揸花漆，其文俨如缋绣为妙，其质诸色皆宜焉①。

[**杨注**]其地红，则其文去红，或浅深别之，他色亦然矣②。理钩皆彩，间露地色，细齐为巧③。或以铪金亦佳④。

[**注释**]

①揸花漆，其文俨如缋绣为妙，其质诸色皆宜焉：揸花，北方地区把刺绣称为“揸花”。刺绣的特点是图案工整绢秀，色彩绚丽的纹样高出绫缎之上。“缋”，通“绘”，文采，彩绣。这里说的是堆在漆地上的纹样以细、齐为佳，因其近似刺绣的特点而得名。“揸花漆”技法对漆地的颜色没有限制，各种颜色都适宜。

②其地红，则其文去红，或浅深别之，他色亦然矣：如果漆地是红色，那花纹的颜色就不用红色，或用深红、浅红与漆地的颜色区分开来。其他用色也是由此类推。

③理钩皆彩，间露地色，细齐为巧：“揸花漆”的纹样以细、齐似刺绣纹样为好。

花纹的纹理一般用彩色勾出，花纹间露出漆地的颜色。

④或以铃金亦佳:“揸花漆”花纹的纹理一般用彩色勾出，也有用“铃金”技法(见131)做纹理的，效果也很好。

[**解读**]“揸花漆”的技法要点：①漆地上堆起的纹样以细、齐为好，②对漆地的颜色没有限制，各种颜色都适宜。③花纹与漆地不能同色，如果是同色，也要用深浅色区分开来。④花纹的纹理一般用彩色勾出，也有用铃划填金的做法，效果也很好。花纹间要露出漆地的颜色。

101[黄文]堆漆，其文以萃藻、香草、灵芝、云钩、绦环之类①。漆淫泆不起立，延引而侵界者不足观②。又各色重层者堪爱③。金银地者愈华④。

[**杨注**]写起识文，质与文互异其色也⑤。淫泆延引则须漆却焉⑥。复色者要如剔犀。共不用理钩，以与他之文为异也⑦。淫泆侵界，见于描写四过之下淫侵。

[**注释**]

①堆漆，其文以萃藻、香草、灵芝、云钩、绦环之类：这里的“堆漆”技法，指的是在漆地上用稠色漆逐层堆描萃藻、香草、灵芝、云钩、绦环等此类圆转回环的纹样。

②漆淫泆不起立，延引而侵界者不足观：描画纹样的色漆不够稠，或笔头沾漆太多，这样画出的纹样线条漆液溢出，相互侵界，画面显现的线条模糊不清，不能达到纹样清晰美观的效果。

③又各色重层者堪爱：用各种稠色漆重复描出花纹，纹样的侧面效果就像剔犀，十分可爱。

④金银地者愈华：如果用金色或银色为漆地，那就更为华美。

⑤写起识文，质与文互异其色也：用色漆描画凸起的纹样，纹样的色彩与漆地的颜色要有所区别，不能一样。

⑥淫泆延引则须漆却焉：漆却，换掉不能用的漆料。如果描画的色漆不够稠，画出的纹样出现漆液溢出，相互延引侵界的毛病时，必须要马上换掉这种漆料。

⑦共不用理钩，以与他之文为异也：萃藻、香草、灵芝、云钩、绦环等此类的圆转回环的纹样，不用在花纹上再勾纹理，这也是它与其他需要勾纹理的花纹不同的地方。

［**解读**］萃藻、香草、灵芝、云钩、绦环等纹样的做法，是在漆地上用稠色漆逐层堆描而成，纹样侧面效果就像剔犀一样可爱。描画的纹样线条要达到清晰美观的要求，一是描画的色漆要稠，二是笔头粘漆要适宜，一次不可太多。漆地的颜色与纹样的颜色不能一样，这样纹样的彰显效果就更为清晰美观。

102［黄文］识文，有平起，有线起。其色有通黑，有通朱[①]。其文际忌为连珠[②]。

［**杨注**］平起者用阴理，线起者阳文耳[③]。堆漆以漆写起，识文以灰堆起[④]；堆漆文质异色，识文花、地纯色，以为殊别也[⑤]。连珠见于魏漆六过之下[⑥]。

［**注释**］

①识文，有平起，有线起。其色有通黑，有通朱：“识文”的做法是在漆地上用漆灰堆起纹样，有平面的纹样，有线型的纹样。漆灰纹样干固后，通体刷黑色漆或朱色漆，一般至少要刷两道。

②其文际忌为连珠：通体刷黑漆或朱漆时，纹样上要注意漆液容易流集的部位，漆液聚集太多容易皱缩成一连串的小珠。

③平起者用阴理，线起者阳文耳：“平起阴理”指的是在漆器上做平面花纹时，

纹样上有凹下的纹理。"阳文线起"指的是在漆器上做花纹时，堆出凸起来的纹理。

④堆漆以漆写起，识文以灰堆起："堆漆"的技法是在漆地上用稠色漆逐层堆描出纹样。"识文"的技法是在漆地上用漆灰堆起纹样。

⑤堆漆文质异色，识文花、地纯色，以为殊别也："堆漆"技法要求漆地与纹样颜色不能相同，而"识文"技法则要求漆地与纹样通体颜色相同。这也是两种技法的区别之处。

⑥连珠见于髹漆六过之下：髹漆中的毛病"连珠"在"髹漆六过"里有记载（见45），指的是漆器的隧棱、凹棱、内壁下底交界等处出现漆液皱缩成一连串的小珠。

[**解读**]"识文"技法与"堆漆"技法的区别在于：1."识文"是在漆地上用漆灰堆起纹样；"堆漆"是在漆地上用稠的色漆逐层堆描出纹样。2."识文"通体要求纯色，如刷黑色漆或朱色漆；"堆漆"则要求漆地与纹样的颜色要异色，不能同色。

堆起[①]第九

[**杨注**]其文高低灰起加雕琢，阳中有阴者[②]，列在于此。

[**注释**]

①堆起："堆起"是用漆灰堆起纹样再加以雕琢的技法。

②阳中有阴者：阳，指堆起的纹样。阴，是在纹样上雕琢凹下去的阴纹，故阳中有阴者。

[**解读**]用漆灰堆起高低纹样，再加以雕刻的做法，列在此章。

103[**黄文**]隐起描金，其文各物之高低，依天质灰起，而棱角圆滑为妙[①]。用金屑为上，泥金次之[②]。其理或金，或刻[③]。

［**杨注**］屑金纹刻理为最上，泥金象金理次之，黑漆理盖不好，故不载焉。又漆冻模脱者，似巧无活意④。

［**注释**］

①隐起描金，其文各物之高低，依天质灰起，而棱角圆滑为妙："隐起描金"技法是仿效各种天然物像的形状，用漆灰在漆地上堆起纹样，然后再用刻刀加以雕琢，棱角以圆润光滑为好。

②用金屑为上，泥金次之：漆地上的浮雕纹样干固后，上"金底漆"，然后撒碎金箔碎屑或贴金粉。撒金箔碎片的效果比贴金粉的效果会好一些。

③其理或金，或刻：撒上金箔碎屑或贴金的纹样上，再用金色勾纹理，或用刀划纹理。

④又漆冻模脱者，似巧无活意："漆冻模脱"的做法是用漆冻代替漆灰，并用模子印出纹样来。但纹样的效果不如雕刻的纹样生动有趣。（见113）

［**解读**］"隐起描金"的技法是，用漆灰在漆地上堆起纹样，仿效各种天然物象的形状，再用刻刀加以雕琢。纹样干固后，上"金底漆"，"金底漆"漆面结膜但一定要有粘尾时，撒金箔碎片或贴金粉，然后纹样上再用金色、黑色勾纹理、或用刀划纹理，用黑漆勾纹理的纹样，因效果不如金色或刀划纹理来得绚丽精致，故不予记载。

104［黄文］隐起描漆，设色有干、湿二种①。理钩有金、黑、刻三等②。

［**杨注**］干色泥金理者妍媚③，刻理者清雅④，湿色黑理者近俗⑤。

［**注释**］

①隐起描漆，设色有干、湿二种："隐起描漆"的技法，是在漆地上仿效各种自然物象的纹样，用漆灰堆起后再用刻刀加以雕琢而成。纹样干后，不贴金而是上色漆。色漆有两种做法："干设色隐起描漆"和"湿设色隐起描漆"。

②理钩有金、黑、刻三等：金即"金理"，花纹上面用金色勾纹理；黑即"黑理"，花纹上面用黑漆勾纹理；刻即"刻理"，花纹上面用刀划出纹理。

③干色泥金理者妍媚：在干敷的纹样上，用金色勾的纹理十分艳丽。

④刻理者清雅：用刀刻的纹理显得清新雅致。

⑤湿色黑理者近俗：用黑漆勾的纹理庸俗不雅。

［**解读**］"隐起描漆"技法，就是仿效各种自然物象的纹样，在漆地上用漆灰堆起纹样，再用刻刀加以雕琢。纹样干固后，不贴金而是上色漆。上色漆有"干设色隐起描漆"和"湿设色隐起描漆"两种做法。"干设色隐起描漆"技法是在漆地上，仿效各种自然物象的纹样，用漆灰堆起纹样，再用刻刀加以雕琢。雕刻的纹样干固后，纹面上刷上色漆，色漆漆面结膜但一定有粘尾的最佳时间，将干颜料粉末敷擦上去（见87）。"湿设色隐起描漆"技法是在漆地上，仿效各种自然物象的纹样，用漆灰堆起来再用刻刀雕琢。雕刻的纹样干固后，直接用色漆描画。

105［黄文］隐起描油，其文同隐起描漆，而用油色耳①。

［**杨注**］五彩间色，无所不备，故比隐起描漆则最美②。黑理钩亦不甚卑③。

［**注释**］

①隐起描油，其文同隐起描漆，而用油色耳："隐起描油"与"隐起描漆"技法一样，都是在漆地上，仿效各种自然物象的纹样，用漆灰堆起后再用刻刀雕琢。

纹样干固后，不贴金而是上色漆。不同的是，色漆的漆料是用加了催干剂炼制的熟桐油调颜料配制的“油色”，故称为“隐起描油”。

②五彩间色，无所不备，故比隐起描漆则最美：“油色”的色彩比“色漆”的色彩更为艳丽和完备，所以“隐起描油”比“隐起描漆”描画的纹样色彩更为多彩艳丽。

③黑理钩亦不甚卑：用黑漆勾的纹理也不显得俗气。

[解读]“隐起描油”与“隐起描漆”技法，在漆灰堆起雕琢的工序是相同的，不同的是表面描绘的色料。“隐起描漆”的色料是用漆调颜料配制的，因漆液本身是“褐色”的，调不出鲜艳的色彩。而“隐起描油”是以加催干剂炼制的桐油调颜料配制的（见89）。油是透明的，用油调配，任何颜色都能调配出来，而且色彩鲜艳华丽，就连黑漆勾纹理也不显得俗气。

雕镂[1]第十

[杨注]雕刻为隐现[2]，阴中有阳者[3]，列在于此。

[注释]

①雕镂：即雕漆技法，指在漆器的漆灰地上，一道一道刷色漆，有同色的，有异色的，以纯红色的为最常见，以预先定下的色漆的厚度为准，当漆膜呈现出牛皮糖状态时，用刀剔刻出纹样。凡属于这一类做法的，列在此章。

②雕刻为隐现：雕刻出浮雕画面或者阳纹。

③阴中有阳者：雕刻的纹样有高有低，低者为阴，高者为阳，所以阴中有阳。

[解读]雕漆也称“剔红”，元代是雕漆工艺发展的鼎盛期，因为元代雕漆大多是红色的，所以这种雕漆也被称作“剔红”。“剔红”其实并不是只有红色，它还包括剔黄、剔绿、剔黑、剔彩等几种雕漆。它们之间只是色

彩不同，刀工刻法、花纹题材都一样。因“剔红”居多，故称为“剔红”。

106［黄文］剔红，即雕红漆也。髹层之厚薄，朱色之明暗，雕镂之精粗，亦甚有巧拙[①]。唐制多印板刻平锦朱色，雕法古拙可赏；复有陷地黄锦者[②]。宋元之制，藏锋清楚，隐起圆滑，纤细精致[③]。又有无锦文者[④]。其有象旁刀迹见黑线者，极精巧[⑤]。又有黄锦者，黄地者似之[⑥]。又矾胎者不堪用[⑦]。

［杨注］唐制如上说，而刀法快利，非后人所能及，陷地黄锦者，其锦多似细钩云，与宋元以来之剔法大异也。藏锋清楚，运刀之通法；隐起圆滑，压花之刀法；纤细精致，锦纹之刻法；自宋元至国朝，皆用此法。古人精造之器，剔迹之红间露黑线一二带。一线者或在上，或在下；重线者，其间相去或狭或阔无定法；所以家家为记也。黄锦、黄地亦可赏。矾胎者矾朱重漆，以银朱为面，故剔迹殷暗也。又近琉球国产，精巧而鲜红，然而工趣去古甚远矣[⑧]。

［注释］

①剔红，即雕红漆也。髹层之厚薄，朱色之明暗，雕镂之精粗，亦甚有巧拙：剔红就是雕红漆。剔红的漆层涂刷得有厚有薄，红色有明有暗，雕刻有精有粗，精粗优劣之间的区别是很大的。

②唐制多印板刻平锦朱色，雕法古拙可赏；复有陷地黄锦者：唐代制作的“剔红”，大多像木刻印刷的印板，花纹与红色锦地平齐，这样的雕法也古朴美好。另外还有一种花纹与地子异色，高低也有差别的“陷地黄锦”的做法，即把黄色漆“锦纹”作为地子，地子上覆压“剔红”的纹样。

③宋元之制，藏锋清楚，隐起圆滑，纤细精致：藏锋清楚，指运刀的通用技法。隐起圆滑，指压花的刀法。纤细精致，指“锦纹”地的刻法。宋元两代“剔红”的风格大体上是一致的。

④又有无锦文者：元代及明初的雕漆，以花卉为题材的如牡丹、茶花、菊花、栀子等，一般都花叶密布，没有锦地。所谓“又有无锦文者”应指刻花卉的“剔红”。

⑤其有象旁刀迹见黑线者，极精巧：古人精造的“剔红”漆器，红漆层之间露出一根或两根黑漆线，极其精巧。

⑥又有黄锦者，黄地者似之：“黄锦者”，指以黄色漆剔刻“锦纹”作为地子，上面压朱红漆纹样。“黄地者”指以花卉为题材的“剔红”，一般没有锦地，透过花叶间的空隙，可看见黄色的素漆地。“黄地者”的做法是在糙漆底上先刷一道黄色漆为地，上面再逐层刷黄色漆。黄锦者、黄地者的效果都不错。

⑦又矾胎者不堪用：“矾胎”是用绛矾调漆成为“剔红”的红色漆料，层层用的都是这种漆料，只在最后的漆层才用银朱调的红色漆，故剔迹殷暗，此种偷工减料之法是不可取的。

⑧又近琉球国产，精巧而鲜红，然而工趣去古甚远矣：近来，琉球国所产的“剔红”，虽然漆色鲜红，刻工精巧，但其作品的趣味与宋元的“剔红”相去太远。

[解读]“剔红”就是雕红漆。唐代制作的“剔红”，大多像木刻印刷的印板，花纹与红色锦地平齐。还有一种把“黄色漆锦纹”作为地子，上面覆压“剔红”纹样的做法，这种花纹与地子异色，高低有差别的“陷地黄锦”做法，是为了更加突出主体的图案。宋元两代及明朝前期“剔红”的风格大体上是一致的，运刀的通用技法都是藏锋清楚，压花的刀法都是隐起圆滑，“锦纹”地的刻法纤细精致。“剔红”的漆地有两种做法：一种是以“色漆剔刻锦纹”作地子。一种是以“光素色漆”作为地子。“剔红”的入漆颜料“银朱”色泽鲜艳明亮，而“绛矾”色泽殷暗，故“银朱”是剔红工艺不可替代的颜料。“剔红”的漆料里漆与油的配制一定要精准，才能使漆层在设定的时间里呈现最佳的雕刻的“牛皮糖”状态。

古人精造的剔红漆器，红漆层之间显现出的一根或两根黑漆线。一根黑漆线的，往往贴近朱红漆的底层；两根黑漆线的，靠下的一根也多接近底层。黑漆线除了是各商家出品的记号外，还有指示雕刻深度的作用。刀子刻下去，见到黑线，等于说已快到朱红漆的底层了，这样便可以引起刻者的注意，不至于刻得太深，露出胎骨。另一方面，它也可以指示雕工将全器刻得深浅一致。

107［黄文］金银胎剔红，宋内府中器有金胎、银胎者[①]。近日有鍮胎、锡胎者，即所假效也[②]。

［**杨注**］金银胎多纹间见其胎也[③]。漆地刻锦者，不漆器内[④]。又通漆者，上掌则太重[⑤]。鍮锡胎者多通漆[⑥]。又有磁胎者、布漆胎者，共非宋制也[⑦]。

［**注释**］

①金银胎剔红，宋内府中器有金胎、银胎者：明高濂《燕闲清赏笺》云："宋人雕红漆器如宫中用盒，多以金银为胎，以朱漆厚堆，至数十层，始刻人物楼台花草等象。刀法之工，雕镂之巧，俨若图画。"这里是指宋代宫廷作坊制作的剔红漆器就有用金或银来作为底胎的。

②近日有鍮胎、锡胎者，即所假效也：鍮胎（见96）即铜胎。近来有用铜和锡作胎的"剔红"漆器，是用铜和锡模仿金胎和银胎而做的。

③金银胎多纹间见其胎也：金胎银胎的"剔红"漆器，雕刻的花纹空隙间显露出金色的或银色的，以此显示金胎、银胎的质地。

④漆地刻锦者，不漆器内：如果金胎、银胎的"剔红"，外壁用"锦纹"作地子的，遮住金胎、银胎的质地，那金胎、银胎的内壁则不上漆，显露出地子，以示金银胎质地。

⑤又通漆者，上掌则太重：金胎、银胎也有内外壁都髹漆的。金胎、银胎本来就重，再加上里外都髹漆，故拿在手里，自然会感到十分沉重。

⑥鍮锡胎者多通漆：铜胎、锡胎的"剔红"漆器大多是里外都髹漆的，目的是遮盖住铜胎、锡胎的质地的。

⑦又有磁胎者、布漆胎者，共非宋制也：又有瓷胎、布漆胎"剔红"漆器，这些都不是宋代制作的"剔红"。

[解读] 宋代宫廷作坊制作的“剔红”漆器有用金和银作为底胎的。金和银作为底胎的“剔红”一般外壁不用“锦纹”作地子，这样透过“剔红”纹样的间隙，就可见到底胎金和银的质地。如果外壁用“锦文”作地子，因看不见金胎、银胎的质地，则胎的内壁不上漆，露出质地，以示金胎、银胎。有用铜和锡模仿金和银作为胎地的“剔红”漆器，大多里外都髹漆，不露出胎底的质地，达到以假仿真的目的。瓷胎和布漆胎的“剔红”漆器，则都不是宋代制品。

108 [黄文] 剔黄，制如剔红而通黄①。又有红地者②。

[杨注] 有红锦者，绝美也③。

[注释]

①剔黄，制如剔红而通黄：“剔黄”制作方法与“剔红”一样，只是通体髹黄色的色漆。

②又有红地者：有的是在红漆地上压黄色的主体花纹。

③有红锦者，绝美也：有的是在红色的“锦纹”地子上压黄色的主体花纹，这种做法也十分华美。

[解读] “剔黄”的制作方法与“剔红”一样，只是通体髹黄色的漆而不是髹红色的漆。“剔黄”还有一种做法是在漆灰胎上刷红漆作地子，上压黄色的主体花纹或者在红色的“锦纹”地子上压黄色的主体花纹。尤其后一种做法，特别华美。

109 [黄文] 剔绿，制与剔红同而通绿①。又有黄地者、朱地者②。

[杨注] 有朱锦者、黄锦者，殊华也③。

［注释］

①剔绿，制与剔红同而通绿：“剔绿”的制作方法与“剔红”一样，只是通体刷绿的色漆而不是红的色漆。

②又有黄地者、朱地者：有的是在黄色的漆地上压绿色的主体花纹，有的是在朱色的漆地上压绿色的主体花纹。

③有朱锦者、黄锦者，殊华也：有的是在朱色“锦纹”地子上压绿色的主体花纹，或在黄色的“锦纹”上压绿色的主体花纹，这样的做法尤其艳美。

［**解读**］“剔绿”的制作方法与“剔红”一样，只是通体刷绿的色漆而不是红的色漆。“剔绿”雕漆有的是在黄色的或朱色的漆地上压绿色的主体花纹，有的是在朱色的“锦纹”或黄色的“锦纹”地子上压绿色的主体花纹，锦地上的“剔绿”雕漆特别华美艳丽。

110［黄文］剔黑，即雕黑漆也，制比雕红则敦朴古雅[①]。又朱锦者，美甚[②]。朱地、黄地者次之[③]。

［**杨注**］有锦地者、素地者[④]。又黄锦、绿锦、绿地亦有焉[⑤]。纯黑者为古[⑥]。

［注释］

①剔黑，即雕黑漆也，制比雕红则敦朴古雅：“剔黑”的制作方法与“剔红”一样，只是通体刷黑色的漆而不是红的色漆。“剔黑”漆器比“剔红”漆器更显敦朴古雅。

②又朱锦者，美甚：又有在朱色的“锦纹”地子上压黑色的主体花纹，美极了。

③朱地、黄地者次之：有的是在朱色的漆地上压黑色的主体花纹，有的是在黄色的漆地上压黑色的主体花纹。朱色、黄色的漆地与朱色的“锦纹”地子相比，不如朱色“锦纹”地子的效果好。

④有锦地者、素地者：“剔黑”雕漆的漆地分为“锦纹”地子和“纯色漆”地子两种。

⑤又黄锦、绿锦、绿地亦有焉：“剔黑”雕漆有在黄色“锦纹”地子上压黑色的主体花纹，在绿色“锦文”地子上压黑色的主体花纹，还有在绿漆地子上压黑色的主体花纹。

⑥纯黑者为古：黑漆地子上压黑色的主体花纹的“剔黑”雕漆，最为古雅。

［**解读**］“剔黑”技法就是雕黑漆，用黑漆堆积，然后剔刻花纹的做法。“剔黑”雕漆的漆地分为“锦纹”地子和“纯色漆”地子两种。“锦纹”地子有朱色锦纹、黄色锦纹、绿色锦文。纯色漆地子有朱漆地子、黄漆地子、绿漆地子等。还有一种最为古雅的做法是在黑漆地子上压黑色的主体花纹的“剔黑”雕漆。

111［黄文］剔彩，一名雕彩漆。有重色雕漆，有堆色雕漆[①]。如红花、绿叶、紫枝、黄果、彩云、黑石、轻重雷文之类[②]，绚艳悦目。

［**杨注**］重色者，繁文素地；堆色者，疏文锦地为常具[③]。其地不用黄黑二色之外，侵夺压花之光彩故也[④]。重色俗曰横色，堆色俗曰竖色。

［**注释**］

①剔彩，一名雕彩漆。有重色雕漆，有堆色雕漆：“剔彩”为雕漆的一种，分为“重色雕漆”和“堆色雕漆”两种做法。“重色雕漆”俗称“横色”，“堆色雕漆”俗称“ 竖色”。

②轻重雷文之类：雷文即雷纹，是一种青铜器花纹的名称，后代称为回纹，雕漆往往用它作为锦地的纹样。“轻重雷文”指细线条的雷纹与粗线条的雷纹。

③重色者，繁文素地；堆色者，疏文锦地为常具：“重色雕漆”技法，指一般的漆器表面差不多全被花纹占去，花纹空隙间留下的一些光素的漆地因面积太小，无从下刀，所以只能任它光素无纹，即所谓的“繁文素地”。“堆色雕漆”技法，指雕刻的花纹较疏，显露出的漆地面积较大，所以在漆地上可以剔刻一种或几种花样细密的锦纹，即所谓的“疏文锦地”。这些都是通常所见的做法。

④其地不用黄黑二色之外，侵夺压花之光彩故也：“剔彩”漆器的漆地一般只用黄色和黑色衬托，若用其他颜色，会削弱主体花纹的光彩。

[解读]“剔彩”为雕漆的一种技法，与“剔红”等做法不同。“剔彩”有两种做法：1.“重色雕漆”，在漆器上用不同颜色的漆，分层漆上去，每层漆若干道，使各色都有一个相当的厚度，然后用刀剔刻；需要某种颜色，便剔去在它以上的漆层，露出需要的色漆，并在它的上面刻花纹。这样，一个器物上就具备各个漆层的颜色，可以将红花、绿叶、紫枝、黄果、彩云、黑石等表现出来，五彩灿烂。2.“堆色雕漆”，采用局部填漆的方法，在器物上通体先涂一种色漆至一定的厚度，再根据图案的要求将需要配色的纹样轮廓内的漆层剔掉，剔掉部分的空白填上所需要的色漆，色漆上再剔刻花纹的细部。

112［黄文］复色雕漆，有朱面，有黑面，共多黄地子，而镂锦纹者少矣①。

[杨注]髹法同剔犀，而错绿色为异②。雕法同剔彩，而不露色为异也③。

[注释]

①复色雕漆，有朱面，有黑面，共多黄地子，而镂锦纹者少矣：“复色雕漆”指在漆胎上用两种或三种色漆，一层一层有规律地交替髹涂，漆面有朱色，有黑色，地子以黄色为多，刻“锦纹”的地子为少。

②髹法同剔犀，而错绿色为异：“复色雕漆”的髹漆方法同“剔犀”的髹漆方法相同，不同的是“复色雕漆”有绿漆层，而“剔犀”的传统做法是不用绿色漆的。

③雕法同剔彩，而不露色为异也：“复色雕漆”雕刻的图案花纹同“剔彩”一样，题材有山水、花鸟、人物等，不同之处是“复色雕漆”不分层取色，露出几种不同的色漆。全器表面纯是一色，漆面是朱色或黑色，只在刀口断面露出两种或三种颜色的漆线。

[解读]“复色雕漆”技法，在漆胎上用两种或三种色漆，一层一层

有规律地交替髹涂。髹涂的技法与“剔犀”一样，但在色漆的使用上有所不同，在漆层之间用绿色漆刷涂，呈现绿色的漆层线，而“剔犀”的传统做法是不用绿色漆的。在题材的选择上，也不是如“剔犀”那样，只刻绦环、云钩、香草等回转圆婉的图案花纹，而是与“剔彩”一样，以山水、花鸟、人物等物象为题材。与“剔彩”不一样的是，全器表面纯系一色，不分层取色，露出几种不同的色漆，只在刀口断面露出两种或三种颜色的漆线。

113［黄文］堆红，一名罩红，即假雕红也。灰漆堆起，朱漆罩覆，故有其名①。又有木胎雕刻者，工巧愈远矣②。

［杨注］ 有灰起刀刻者，有漆冻脱印者③。

［注释］

①堆红，一名罩红，即假雕红也。灰漆堆起，朱漆罩覆，故有其名：“堆红”是用灰漆堆起，在灰漆上雕刻花纹，然后通体上朱漆，朱漆将灰漆全部覆盖起来。“堆红”里外用料不同，雕刻后再罩朱色漆，花纹就显得不纤细清晰，缺少生动流畅的意趣。“堆红”只是“剔红”的仿制品，也就是假雕红，所以有“堆红”之名。

②又有木胎雕刻者，工巧愈远矣：另外有直接在木胎上雕刻纹样的，然后纹样上面覆盖朱色漆，这种做法效果远远不如“堆红”，与“剔红”相差就更远。

③有灰起刀刻者，有漆冻脱印者：有用灰漆堆起，在灰漆上雕刻花纹的，指“堆红、假雕红”技法。“漆冻脱印”的做法是把“漆冻”料用刻有纹样的模子印出花纹，再用薄刀刃将纹样片削出来，在纹样片的背面涂上粘胶，粘贴到漆地上，然后通体刷上色漆。

［解读］ “堆红”技法与“剔红”技法的不同之处在于：1.“堆红”是用灰漆堆起，在灰漆上雕刻花纹，然后通体上朱漆，将灰漆全部覆盖。“剔红”，是用朱漆逐层涂刷，积累至相当高度，漆层呈牛皮糖状态时用雕刻刀雕刻出花纹。2.“堆红”的里外用料不同，“剔红”的表里是一致的。3.“堆

红”雕刻后再罩漆，纹样就不纤细清晰，缺少生动流畅的意趣。而“剔红”雕刻后，刀法尽在，生动流畅。所以“堆红”只是仿制“剔红”，也就是“假雕红”。

王维蕴·全金漆线脱胎圆盒

“堆红”的纹样有三种做法：1. 灰漆堆起，在灰漆上雕刻花纹。2. 木胎雕刻，直接在木胎上雕刻纹样。3. 漆冻脱印，将印锦料（冻子）压入纹样模子里，印出花纹。

虽然“漆冻”的配方各地均有不同，当大都以黑推光漆或红推光漆、明油、漆灰为主要原料。用漆冻代替漆灰，并用模子印出纹样来，省工并可以大量生产，但却不如雕刻的纹样那样生动有趣。

福州称这种以“漆冻”作为材料，用模子印出纹样来，粘贴在漆地上，然后或刷色漆或上金的做法称为“印锦”工艺技法。“印锦”漆料的做法是将推光漆与明油各半充分搅拌，静置一周时间，让它们充分融合，然后与灰粉搅和成泥状，最后加一点生石灰进行糅合和捶打，直至成为柔韧、筋道、可以拿捏造型的印锦料（也称冻子）。

［**工艺工序**］

福州脱胎漆器髹饰技法“印锦”的工艺工序、漆料配制和模具制作方法

一、工艺工序

1. 在纹样的模子里（阴模）刷上白土粉，要薄而均匀，白土粉起脱模剂作用。

2. 把印锦料碾成约一厘米厚的片状，按纹样大小切成块状，用模子印出纹样。

3. 用薄刀刃削出纹样。

4. 在纹样的背面涂上粘胶，粘贴在漆地上。

5. 纹样粘贴干固后，贴金或上色漆均可。贴金后，可罩透明漆，也可不罩。

“印锦料”切下的所有碎料和下脚料加些湿漆糅合成一团，用湿布封好，将它与新料糅合一起，更为柔韧、筋道。

印锦小花瓶

二、漆料配制

1. 推光漆（黑、红推光漆均可）50%。

2. 明油 50%。

3. 锦料灰粉（灰粉的配方：干的河泥粉 40%、瓦灰 30%、白土粉或者石粉 30%。河泥粉指的是雕塑用的泥巴，晒干、碾细、筛过的粉末。）

4. 加一点生石灰，起干燥作用，很重要。

三、模具制作方法

1. 选择一块厚两厘米的黄杨木或者龙眼木的板。

2. 按设计的纹样，在木板上用阳纹的方法雕刻出主模。

3. 用环氧树脂类材料将阳模翻为阴模即可。阴模是通常用的工具，易磨损，要常换，才能保证印锦纹样的清晰。

4. 如果图案面积大，可分段雕刻模型和翻制“印锦”阴模模具。

114 [黄文] 堆彩，即假雕彩也。制如堆红，而罩以五彩为异①。

[杨注] 今有饰黑质，以各色冻子，隐起团堆，圬头印划，不加一刀之雕镂者②。又有花样锦纹脱印成者，俱名堆锦，亦此类也③。

［注释］

①堆彩，即假雕彩也。制如堆红，而罩以五彩为异："堆彩"就是假的"雕彩"，"雕彩"即是"剔彩"技法。做法同"堆红"，也是用灰漆堆起，在灰漆上雕刻花纹，不同之处在于，"堆红"刻后通体罩朱色漆，而"堆彩"刻后则是上五色彩漆。

②今有饰黑质，以各色冻子，隐起团堆，圬头印划，不加一刀之雕镂者：用不同颜色的冻子，堆在黑色的漆地上，不用刀，用圬子的尖端（像刀的雕塑工具），趁冻子未干，印划出浮雕的纹样来。因冻子本身是有颜色的，故刻划出的纹样不再上色漆。

③又有花样锦纹脱印成者，俱名堆锦，亦此类也：将冻子料（见113）放在纹样的模子上，印出各种花样的"锦纹"，再将"锦纹"粘贴在漆地上，干固后，再上色漆，名为"堆锦"。

［**解读**］"堆彩"做法如同"堆红"，也是用灰漆堆起，在灰漆上雕刻花纹，不同之处在于，"堆红"刻后通体罩朱色漆，而"堆彩"刻后则是用五色彩漆髹饰。

"堆彩"有两种做法：1. 将颜料调入灰漆中，使灰漆成为有色的"锦料"（"冻子"），然后将不同颜色的"冻子"堆在黑色的漆地上，用圬子的尖端印划出五彩的浮雕纹样来，纹样上不再上彩漆。2. 将印锦料按在纹样的模子上，印出各种花样的"锦纹"，再将"锦纹"粘贴在漆地上，干固后，再用五彩的色漆髹饰。

115［黄文］剔犀，有朱面，有黑面，有透明紫面[①]。或乌间朱线，或红间黑带，或雕黳等复，或三色更叠[②]。其文皆疏刻剑环、绦环、重圈回文、云钩之类[③]。纯朱者不好[④]。

［**杨注**］此制原于锥毗，而极巧致，精复色多，且厚用款刻，故名[⑤]。三色更叠，言朱、黄、黑错重也。用绿者非古制[⑥]。剔法有仰瓦，有峻深[⑦]。

[注释]

①剔犀，有朱面，有黑面，有透明紫面：朱面、黑面指“剔犀”漆面最后一层色漆的颜色为朱色或黑色。透明紫面则是指朱漆上再罩上一道透明漆，显现出的漆面色泽深沉偏紫，即所谓的“滑地紫犀”。

②或乌间朱线，或红间黑带，或雕黸等复，或三色更叠：乌间朱线，指黑色的漆层厚，红色的漆层薄；红间黑带，指红色的漆层厚，黑色的漆层薄；雕黸等复，指红黑二色的漆层厚薄相等；三色更叠，指朱、黄、黑三色更替交叠。

③其文皆疏刻剑环、绦环、重圈回文、云钩之类：“疏刻”即剔刻。剑环、绦环、重圈回文、云钩等象形纹样，是用“剔犀”技法在器物上雕刻的纹样。

④纯朱者不好：“剔犀”，用纯朱色漆不好，因为纯朱色所刻漆层的断面，也是纯色的，没有回环往复的异色漆线。

⑤此制原于锥毗，而极巧致，精复色多，且厚用款刻，故名：“剔犀”技法源于更早的“锥毗”，但比“锥毗”精巧极致。“剔犀”是几种色漆反复髹涂积累起来的，漆层厚，“厚用款刻”就是剔层深的意思，深刻也是“剔犀”技法的一大主要特点。

⑥用绿者非古制：“剔犀”的传统做法是不用绿的色漆。

⑦剔法有仰瓦，有峻深：仰瓦、峻深是就“剔犀”的刀口而言。仰瓦，刻痕浅而圆，上仰的。峻深，深刻，刻痕深而陡。

[解读]“剔犀”是用两种或三种色漆在胎地上有规律地逐层（每一色层都由若干道漆漆成，各漆层厚薄不一样）积累起来，至相当的厚度，然后用刀剔刻出云钩、回文等图案花纹。在刀口的断面，可以看见不同的色层。

[工艺史话]

剔犀工艺琐话

邓之诚著《骨董琐记》：云“漆器称犀毗者，人不解其义，讹为犀皮。《辍耕录》失于考究，遂据《因话录》改为西皮，以为西方马鞯之说，大可笑也。盖毗者脐也，犀牛皮坚有文，其脐旁四面文如饕餮相对，中一圆眼，坐卧起伏，磨砺光滑，西域人剸而剜取之，以为腰带之饰，极珍爱之。曹操以犀毗一事与人，即今箱嵌绦环之类也。后世髹漆，仿而为之曰白犀毗焉。有以细石水磨，混然成凹者，曰滑地犀毗焉。黑剔为是，红剔则失本义矣。见马愈《马氏日抄》。”

“剔犀”名称的由来，有不同的说法。邓之诚谓：仿自犀牛肚脐之纹。犀牛肚脐的四周，仿佛有相对的兽面纹，居中有一圈眼，当其在坐卧起伏时，经常互相磨砺，久则成为华丽的纹彩。西域人把它挖下来，作为腰带上的装饰，极为珍贵。因其来源稀少，人们就仿照它的式样用漆制造，于是就有了“剔犀”。另外，剔犀的花纹多为线条婉转回旋的云纹图案，所以人们又称之为“云雕”，日本又称为“屈轮”。以研究我国陶瓷、漆器、珐琅器闻名的英国人迦纳（Harry Garner）于1973年出版的《中国漆器》一书中指出，最早的“剔犀”实物是1906年斯坦因在米兰堡发现的唐代皮质甲片。对于此甲片，斯坦因描述为：甲片可能用骆驼皮制成，每片骆驼皮均作长方形，长度从二英寸多到四英寸多不等，两面髹漆，有的多至七层，以朱、黑两色为主，有的地方也施褐色及黄色漆。甲片上的花纹有同心、椭圆圈和逗号等几何花纹，是用刮擦的方法透过不同的漆层取得的。花纹刮痕很浅，无深刻剔沟的痕迹。由此，王世襄先生认为，此甲片不能算作真正的“剔犀”，而是“剔犀”尚未成型的一种早期形态——“锥毗”。《髹饰录》“剔犀”条杨明注中也提到：“此制原于锥毗，而极巧致，精复色多，且厚用款刻，故名。”厚用款刻就是剔层深的意思，深刻也是“剔犀”的一大主要特点。

“剔犀”技法的定型可能在宋代，其器形及花纹和宋代银器有极为相似之处。杭州老和山宋墓出土的云纹银盒，四川德阳孝泉镇出土的宋代银器云纹瓶，它们的花纹都是在“剔犀”漆器上可以看到的。这不仅说明漆工和金工有密切的关系，也为“剔犀”漆器定型的年代提供了旁证材料。

116［黄文］镌甸，其文飞走、花果、人物、百象，有隐现为佳[①]。壳色五彩自备，光耀射目[②]，圆滑精细[③]，沉重紧密为妙[④]。

［杨注］壳色细螺[5]、玉珧、老蚌等之壳也。圆滑精细乃刻法也，沉重紧密乃嵌法也。

［注释］

①镌甸，其文飞走、花果、人物、百象，有隐现为佳："隐现"，高出漆面的浮雕。"镌甸"的做法是用各种蚌螺壳雕刻出飞禽、走兽、花果、人物等纹样，将它们镶嵌到漆面上去，组成一幅画面或图案。蚌螺壳的表面不磨平，以蚌螺壳的天然形状，以料就形加以雕琢。

②壳色五彩自备，光耀射目：蚌螺壳天然绚丽多彩，光耀夺目。

③圆滑精细：蚌螺壳的雕刻要精致细巧，打磨要圆润光滑。

④沉重紧密为妙：蚌螺壳纹样镶嵌在漆面上，首先要在漆面上按照蚌螺壳纹样的形状，描下稿图，刻挖的深度二至三毫米，蚌螺纹样的形状要与所挖的形状相符，才能镶嵌紧密，不留缝隙，不但美观且不易脱落。"沉重"是深刻的意思。漆面要深刻，蚌螺壳纹样镶嵌进去，才会牢固不脱落。

⑤壳色细螺："细"为"钿"，蚌螺的壳。

［解读］"镌甸"的做法是根据各种蚌螺壳的天然形状和色彩，以料就形加以雕琢组成浮雕图像，镶嵌在漆面上。"镌甸"的图案高于漆面。由于螺蚌壳天然形状的限制，使其不宜雕刻大片规矩图像，所以，工匠可根据自己的构思结合材料本身的特点自由发挥。"镌甸"的题材多为花卉雀鸟。

117［黄文］款彩，有漆色者，有油色者[1]。漆色宜干填，油色宜粉衬[2]。用金银为绚者，倩盼之美愈成焉[3]。又有各色纯用者[4]。又有金银纯杂者[5]。

［杨注］阴刻文图，如打本之印板，而陷众色，故名。然各色纯填者，不可谓之彩，各以其色命名而可也。

［注释］

①款彩，有漆色者，有油色者：“款”是在漆面上刻凹下去的花纹，如木刻的印刷雕版。“彩”是在凹下去的花纹里面填上彩漆。彩漆有“漆色”和“油色”两种。

②漆色宜干填，油色宜粉衬：“漆色宜干填”，“干填”的做法，是在漆面上凹下去的雕刻纹样里，涂刷色漆，待色漆漆面结膜但一定有粘尾的最佳时间，敷擦与“色漆金底漆”相应颜色的“颜料粉”。“干填”即“干傅”的做法（见23）。漆色用“干填”的做法比较合适。“油色宜粉衬”的做法，在漆面上凹下去的雕刻纹样里，先涂刷一层与“油色”相似颜色的底漆作为衬底，再描画“油色”。

③用金银为绚者，倩盼之美愈成焉：漆面凹下去的花纹里填上金色或银色的漆器，显得更光耀绚丽。

④又有各色纯用者：用“纯红”或“纯绿”填色的漆器，应以其颜色命名，例如填红的叫“款红”，填绿的叫“款绿”，不可称为“款彩”。

⑤又有金银纯杂者：一件漆器上用金和银来混合髹饰的，谓“金银纯杂者”。

［解读］“款彩”技法，有“漆色干填”和“油色粉衬”两种做法。“漆色干填”是在漆面上剔刻凹下去的花纹，填上色漆，敷擦与“色漆金底漆”相应颜色的“颜料粉”。

“油色粉衬”是在漆面上剔刻凹下去的花纹，花纹里面涂刷一层与“油色”相似颜色的色漆（色漆即粉底漆），粉底漆干固后涂上“油色”。因油是透明的，故“油色”的遮盖力不如“漆色”，所以要先打粉底，再涂油色，这样显现出来的色彩才饱满艳丽。

“款彩”除了用“干颜料粉”敷擦漆面凹陷的纹样，还有用金粉银粉或金银粉混合使用的做法（见91、134、135）做法。

［工艺工序］

福州脱胎漆器“款彩”工艺

福州“款彩”的做法又称为“刻灰”。“刻灰”的做法是：1. 在𦽼漆

的漆面上拷贝纹样图案。2. 根据图案的纹样雕刻，凹凸深度直达漆灰地。3. 纹样上涂刷一层黑漆作为底漆。4. 用“色漆”或“油色”彩绘图纹，“油色”必须加涂一道衬底彩漆。“刻灰”的灰底，为了便于剔刻，一般都不坚实，采用猪血灰或胶灰作灰底材料。猪血灰干固后颜色灰绿，剔刻时，刻至灰绿的漆灰而止，“刻灰”的名称就是这样而来的。

猪血灰的制作方法：把鲜猪血曝晒在日光下，约半小时，色稍变紫后，加入筛过的石灰，石灰与猪血的比例是1 ∶ 10。然后不断地搅拌约半小时，猪血变成灰绿色、粘凝作糊状后，加石粉（碳酸钙）约七成半，用力拌匀后成灰料即可使用。猪血灰遇水不溶，但灰层松软，附着力不强。

胶灰的制作方法：牛皮胶片或猪皮胶片敲碎，浸冷水中（水量根据胶片重量而定），软化成似粉皮状。再把容器放入另一较大的金属容器中，作温浴法加热。同时，搅拌容器里的胶质，待其全部溶化，即可趁热加适量石粉，调成适当稠度的灰料后即可使用。胶灰打的底遇水会溶解，不能防水。

铨划[1]第十一

[**杨注**] 细镂嵌色，于文为阴中阴者，列在于此。

[**解读**]

①“铨划”的做法是：在漆面上镂划纤细的花纹，花纹中填金粉、银粉或色漆，填后的纹样仍陷于阴文的划迹中，即所谓的“阴中阴者”。属于这一做法的都列在此章。

118 [黄文] 铨金，铨或作戗，或作创，一名镂金，铨银，朱地黑质共可饰[1]。细钩纤皴，运刀要流畅而忌结节[2]。物象细钩之间，一一划刷丝为妙[3]。又有用银者，谓之铨银[4]。

[**杨注**] 宜朱黑二质，他色多不可。其文陷以金薄或泥金[5]。用银者

宜黑漆，但一时之美，久则霉暗[⑥]。余间见宋元之诸器，希有重漆划花者；戗迹露金胎或银胎，文图灿烂分明也[⑦]。铊金、银之制，盖原于此矣[⑧]。结节见于戗划二过之下。[⑨]

［注释］

①铊金，铊或作戗，或作创，一名镂金，铊银，朱地黑质共可饰：在朱色和黑色的漆地上用"铊金"或"铊银"的技法来髹饰是很适宜的。

②细钩纤皴，运刀要流畅而忌结节："铊金"或"铊银"技法要求操作者要具备熟练的刀工技巧，这样在漆面上铊划出来的纹样没有时断时续的结节，线条干净，生动流畅，充满意趣。

③物象细钩之间，一一划刷丝为妙：在花纹轮廓之内，用尖锐的刀尖划细丝。这样"铊金"的纹样与漆地有比较显著的区别，从而加强了"铊金"的髹饰效果。

④又有用银者，谓之铊银：也有用银箔或银粉代替金箔或金粉的，称为"铊银"。

⑤其文陷以金薄或泥金：漆面上剔划的纹样内，涂上金底漆，贴上金箔或金粉，成为金色的纹样。

⑥用银者宜黑漆，但一时之美，久则霉暗：黑色漆面上也适宜铊银，初时好看，不能经久，时间一长，银氧化则霉暗发黑。

⑦铊迹露金胎或银胎，文图灿烂分明也：金或银的底胎上的"铊划"，凹陷的纹样中自然露出金的或银的质地，纹样灿烂分明，所以无须再填金或填银了。

⑧铊金、银之制，盖原于此矣：杨明认为"铊金"或"铊银"技法是受了宋元时期金胎银胎漆器的启发而产生的。这种看法不妥，因为春秋战国时期，已经有了针划纹样的漆器，出土的竹简记载这种技法为"锥画"。

郑益坤在针刻

⑨结节见于戗划二过之下："铊金"技法的二个过失：一是"见锋"，纹样划痕不圆润，时见偏斜停滞的刀迹；二是"结节"，图案

线条时断时续，滞涩不流畅。（戗划二过见60）

［解读］“铊金”“铊银”的做法是在朱色或黑色的漆面上，用锥针或刀尖划出纤细的花纹，花纹内涂上“金底漆”，待“金底漆”漆面结膜但一定要有粘尾的最佳的贴金时间，填上金粉或银粉，成为金色或银色的花纹。在朱色和黑色的漆面上采用这种髹饰的技法都很适宜。“铊划”的工艺要求操作者要具备熟练的刀工技巧，漆面上铊划出来的纹样才能生动流畅，充满意趣。

［工艺工序］

福州脱胎漆器髹饰技法“针刻”的工艺工序

1.将画稿拷贝在揩光漆面上。

2.按画稿纹样，用锥针或刀尖刻划出纤细的纹样。

3.在凹陷的纹样内涂上“金底漆”，用小木块包布，湿漆擦去溢出纹样之外的漆液。

4.“金底漆”漆面结膜，但一定要有粘尾的最佳贴金时间，填上金粉、银粉或色粉。

要求鎗划的线条要纤细流畅，填色的线条不互相侵界，揩光漆面整洁干净。各色颜料粉都可以入漆。

郑益坤·美人蕉（针刻）

传统的福州脱胎漆器髹饰技法里没有“针刻”技法。1963年，湖南博物馆请福州漆艺大师李芝卿先生仿制出土的战国漆器。李芝卿先生带着学生郑益坤等人来到湖南长沙，复制战国的漆器。郑益坤先生因此收获了“针刻技法”。“针刻技法”首先要有刻刀，郑益坤最早是用缝棉被的大针插在笔杆上，做成可以在漆器上刻划的笔。后来发现这样的笔，笔尖是圆的，刻出来的线条缺少变化，只能描形，传达不出器物上的绘画韵味。中国传统绘画用的都是软毛笔，随着墨的浓淡、运笔时的疾徐轻重，其线条都会有变化。而针笔是硬笔，它刻画出的线条无法具备这种变化的韵味。于是，他找来旧时刻蜡版的钢板笔，把笔头钢针磨成三角形，这样的针笔在运行时，随着角度方向的改变、疾徐轻重的变化，线条也会有变化，这就有了中国画白描的韵味。图形刻好后，用色漆薄薄擦一遍，让色漆填陷入纹，色漆半干时，再用金粉或银粉敷上，这样显现出的图案就很明显，也好看多了。用金粉的叫“戗金”，用银粉的叫“戗银”，用色粉的叫“戗色”，这大约就是福州最早的“针刻”技法。

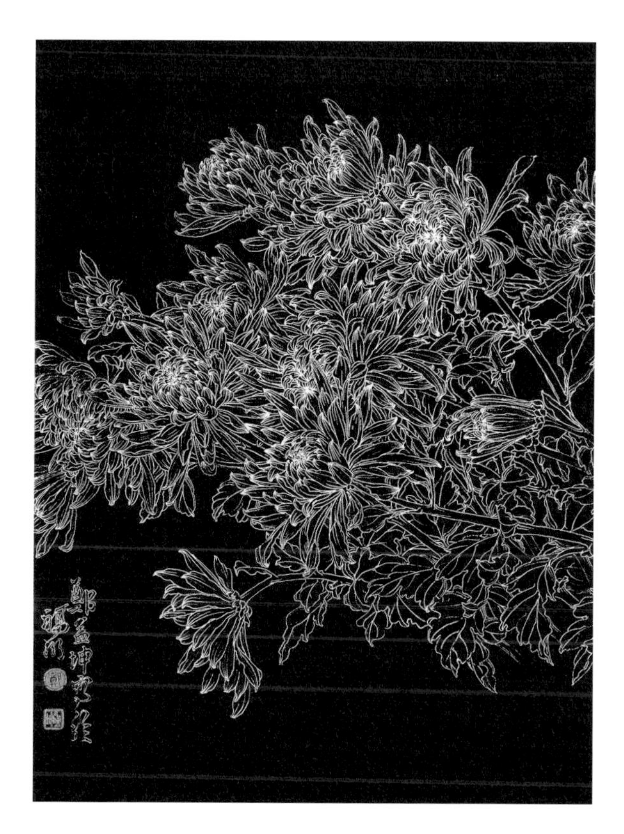

郑益坤·菊香（针刻）

“针刻”原本是漆器的一种髹饰技法，郑益坤先生在恢复传统“针刻”技法的同时，则将其升华为一种含中国画白描韵味的漆艺术的表现方式，从而丰富了这门古老的技艺。

119[**黄文**]铃彩，刻法如铃金，不划丝[1]。嵌色如款彩，不粉衬[2]。

[**杨注**]又有纯色者，宜以各色称焉[3]。

[**注释**]

①铃彩，刻法如铃金，不划丝：铃彩的刻法与“铃金”一样，但在纹样的处理上与“铃金”不一样，花纹轮廓里不划细丝。

②嵌色如款彩，不粉衬：“铃彩”与“款彩”一样，在凹下去的花纹里面填上彩漆。彩漆用“色漆”（漆调颜料）或“油色”（油调颜料）。“铃彩”因刻划的纹样细浅，没抵达漆灰层，故可以直接填“油色”，不用做“粉底漆”衬底这道工序（见117）。

③又有纯色者，宜以各色称焉：用“纯红色漆”或“纯绿色漆”来“填漆”的漆器，应称为“铃红”或“铃绿”，不应称为“铃彩”。

[**解读**]“铃彩”的做法，是在漆地上用锥针或刀尖划出纤细的花纹，在凹陷的纹样里填上彩漆。“色漆”或“油色”都可作为填色的漆料。因“铃彩”刻划的纹样细浅，没有抵达漆灰底，即使用“油色”填色，也省去用“粉底漆”作衬底这道工序。

斒斓[1]第十二

[**杨注**]金银宝贝，五彩斑斓者，列在于此。总所出于宋、元名匠之新意，而取二饰、三饰可相适者，而错施为一饰也。

[**注释**]

“斒斓”同“斑斓”，灿烂多彩的意思。一件漆器上同时用两种或三种工艺技法来髹饰的做法，称为“斒斓”。这种创意是采用宋代、元代名匠的两种或三种髹饰技法，交错和谐地装饰在一件漆器上，达到绚丽多彩的效果。属于这一做法的都列在此章。

120［黄文］描金加彩漆，描金中加彩色者[①]。

［**杨注**］金象、色象，皆黑理也[②]。

［**注释**］

①描金加彩漆，描金中加彩色者：一件漆器上同时用“描金”与“描彩漆”的两种技法来髹饰（见86、87）。

②金象、色象，皆黑理也：髹饰画面上金色和彩色的纹样，都用黑色的漆勾出纹理。

［**解读**］“描金加彩漆”的做法，是在一件漆器上，同时用“描金”技法和“描彩漆”技法来髹饰画面。其中，“描金”和“描彩漆”纹样都用黑色的漆勾出纹理。

121［黄文］描金加甸，描金杂螺片者[①]。

［**杨注**］螺象之边，必用金双钩也[②]。

［**注释**］

①描金加甸，描金杂螺片者：一件漆器上，同时用“描金”与“螺钿”的两种技法来髹饰（见86、94）。

②螺象之边，必用金双钩也：“双钩”是中国画技法名称。用线条勾描物象的轮廓，通称“勾勒”，因基本上是用左右或上下两笔勾描合拢，故亦称“双钩”。这里指在蚌螺纹样的边缘，用金色勾边。

［**解读**］“描金加甸”的做法，是在一件漆器上，同时用“描金”技法和“螺钿”技法来髹饰。其中蚌螺片纹样必须要用金色漆勾边。

122［黄文］描金加甸错彩漆，描金中加螺片与色漆者[1]。

［**杨注**］金象以黑理，螺片与彩漆，以金细钩也[2]。

［**注释**］

①描金加甸错彩漆，描金中加螺片与色漆者：一件漆器上同时用"描金""螺钿""描彩漆"三种技法来髹饰（见86、87、94）。

②金象以黑理，螺片与彩漆，以金细钩也：描金的纹样用黑漆勾纹理，螺片纹样和描彩漆纹样用金色细勾纹理。

［**解读**］"描金加甸错彩漆"的做法，是在一件漆器上同时用"描金""螺钿""描彩漆"三种技法来髹饰。其中"描金"的纹样用黑漆勾纹理，"螺钿"和"描彩漆"的纹样用金色细勾纹理。

123［黄文］描金散沙金，描金中加洒金者[1]。

［**杨注**］加洒金之处，皆为金理钩[2]，倭人制金象，亦为金理也[3]。

［**注释**］

①描金散沙金，描金中加洒金者：一件漆器上同时用"描金""洒金"两种技法来髹饰（见86、85）。

②加洒金之处，皆为金理钩："洒金"的纹理都是用金色来勾纹理。

③倭人制金象，亦为金理也：日本人制造的描金漆器，也是用金色勾纹理。

［**解读**］

"描金散沙金"的做法，是在一件漆器上同时用"描金""洒金"两种技法来髹饰。先用"描金"的方法勾勒出物象的轮廓，轮廓内用疏密错落有致的、渐进的洒金效果来表现物象的明暗虚实。最后用金色勾出洒金纹样的纹理。

124［黄文］描金错洒金加甸，描金中加洒金与螺片者[1]。

［杨注］金象以黑理，洒金及螺片皆金细钩也[2]。

［注释］

①描金错洒金加甸，描金中加洒金与螺片者：一件漆器上同时用“描金”“洒金”“螺钿”的三种技法来装饰（见86、85、94）。

②金象以黑理，洒金及螺片皆金细钩也：描金纹样上用黑漆勾纹理，洒金和螺钿花纹上用金色细勾纹理。

［解读］“描金错洒金加甸”的做法，是在一件漆器上同时有用“描金”“洒金”“螺钿”三种技法髹饰。其中“描金”纹样上用黑漆勾纹理，“洒金”和“螺钿”纹样上用金色细勾纹理。

125［黄文］金理钩描漆，其文全描漆，为金细钩耳[1]。

［杨注］又有为金细钩，而后填五彩者，谓之金钩填色描漆[2]。

［注释］

①金理钩描漆，其文全描漆，为金细钩耳：在漆地上用五彩色漆描画出各种花纹（见87)，再用金色细勾花纹的纹理。

②又有为金细钩，而后填五彩者，谓之金钩填色描漆：还有一种先勾金色的

外框轮廓，然后再填五色彩漆，称为“金钩填色描漆”。

［**解读**］“金理钩描漆”的做法，是先描画出五彩花纹，然后用金色细勾花纹的纹理。还有一种做法，是先勾出金色的外框轮廓，然后再填五彩色漆。

［**工艺工序**］

福州脱胎漆器髹饰技法“金钩彩绘”的工艺工序和漆料配制

一、工艺工序

1. 用纱布包面粉起来做个粉扑，清洗擦去漆器揩光面上的油迹。

2. 在纸上勾勒出画稿的纹样线条。

3. 将画稿纹样拷贝到漆地上。（见19）。

4. 用鼠毛笔蘸金底漆勾勒画稿轮廓，等金底漆面结膜但一定有粘尾的贴金最佳时间贴上金箔（要求含金量高的金箔）。

5. 用调配好的加黄色颜料的金底漆平填纹样（如龙的鳞片），要有一定厚度，且厚薄均匀，放置荫房待干，等金底漆面结膜，但一定要有粘尾的最佳时间贴上金箔，要求金面肥厚，色泽饱满。

6. 彩绘部分的纹样上填上五彩色漆。

二、漆料配制

1. 金底漆的配料（见77）。

盛济豪·脱胎漆器金钩彩绘大花瓶

2.“增厚金面金底漆”：红推光漆20%、提庄漆40%、广油10%、明油30%，漆与油充分搅拌静置几天即可。红推光漆要求漆面2小时左右结膜快干。要求荫房温度20℃，湿度80%左右。

3. 填色彩的色漆：各种颜色的颜料分别调广油成硬泥状，碾细成“色脑”待用。

4. 红推光漆60%（要求漆面2小时左右结膜快干的红推光漆）、广油40%（包括碾颜料的广油），漆与油调和静置几天。漆与各种“色脑”调配成各种颜色的色漆。

彩绘的颜料以设定的色相为主，以彩绘后8小时漆面结膜，24小时干固不粘手为准。荫房温度20℃左右，湿度60%左右，湿度太高，色漆快干，色泽不鲜美。

盛济豪•脱胎漆器金钩彩绘花瓶

126［黄文］描漆错甸，彩漆中加甸片者①。

［**杨注**］彩漆用黑理②，螺象用划理③。

［**注释**］

①描漆错甸，彩漆中加甸片者：一件漆器同时用“描漆”和“螺钿”两种技法来髹饰（见87、94）。

②彩漆用黑理：“彩漆”花纹上面用黑漆勾纹理。

③螺象用划理："螺钿"花纹上面用刀划纹理。

［解读］"描漆错甸"的做法，是在一件漆器上同时用"描漆"和"螺钿"两种技法来髹饰。其中"描漆"的纹样用黑漆勾纹理。"螺钿"的纹样用刀来划纹理。

127［黄文］金理钩描漆加甸，金细钩描彩漆杂螺片者[①]。

［杨注］五彩、金、细并施，而为金象之处，多黑理[②]。

［注释］

①金理钩描漆加甸，金细钩描彩漆杂螺片者：一件漆器上同时用"金理钩描漆"和"螺钿"两种技法来装饰（见125、94）。"金细钩描彩漆杂螺片者"，这句里的"杂"字，说明螺片纹样是嵌在"金理钩描漆"的主体纹样中，起修饰主体纹样的作用，应是一些图案花边的纹样。

②五彩、金、细并施，而为金象之处，多黑理："细"字应是"钿"字的误写。"并施"是同时的意思。全句的意思："金理钩描漆"和"螺钿"两种技法同时髹饰在一件漆器上面。彩漆画面上如有全金的花纹，纹理就要用黑色勾勒。

［解读］"金理钩描漆加甸"做法，是在一件漆器上同时用"金理钩描漆"和"螺钿"两种技法来髹饰。画面中如有全金的花纹要用黑色勾纹理。

128［黄文］金理钩描油，金细钩彩油饰者[①]。

［杨注］又金细钩填油色，渍、皴、点亦有焉[②]。

［注释］

①金理钩描油，金细钩彩油饰者：在漆地上用五彩“油色”描画出各种花纹（见89），再用金色细勾花纹的纹理。“油色”是用加了催干剂炼制的熟桐油调颜料的五彩色料。

②又金细钩填油色，渍、皴、点亦有焉：还有一种先勾轮廓，然后再填五彩的“油色”。或用“油色”渍染、作皴、作点，称为“金细钩填油色”技法。

［解读］“金理钩描油”有两种做法：一种是先用五彩“油色”描画出花纹，再用金色的“油色”细勾纹理；另一种是先用金色的“油色”勾出纹样的外框轮廓，然后再填五彩的“油色”。或用五彩的“油色”渍染、作皴、作点画面。

129［黄文］金双钩螺钿，嵌蚌象而金钩其外匡者[①]。

［杨注］朱、黑二质，共用蚌象，皆划理，故曰双钩[②]。又有用金细钩者[③]。久而金理尽脱落，故以划理为佳[④]。

［注释］

①金双钩螺钿，嵌蚌象而金钩其外匡者：“金双钩螺钿”的做法，是用金色勾勒蚌螺纹样的外框。

②朱、黑二质，共用蚌象，皆划理，故曰双钩：在朱色漆地上和黑色漆地上镶嵌蚌螺纹样，且都用刀刻划纹理，所以也称为“双钩螺钿”技法。

③又有用金细钩者：还有在蚌螺纹样上用金色细勾纹理的。

④久而金理尽脱落，故以划理为佳：蚌螺纹样表面光滑平整，时间一长，勾勒的金色纹理会逐渐全部脱落，所以用刀划的纹理效果更佳。

［解读］“金双钩螺钿”有两种做法：一种是用金色勾勒蚌螺纹样的外框；另一种是用刀刻划蚌螺纹样的纹理。用金色勾勒蚌螺纹样的外框，或用刀刻划蚌螺纹样的纹理。这两种做法，从长远看，用刀刻划纹理的效

果比金色描画的效果好。因为螺钿纹样表面光滑平整，导致金色纹样的附着力不强，时间一长，勾勒的金色纹理就会逐渐全部脱落。

130［黄文］填漆加甸，填彩漆中错蚌片者①。

［**杨注**］又有嵌衬色螺片者亦佳②。

［**注释**］

①填漆加甸，填彩漆中错蚌片者：一件漆器上同时用“填漆”技法（见91）和“螺钿”技法（见94）来髹饰。

②又有嵌衬色螺片者亦佳：镶嵌的蚌螺片有的本色是五彩的，有的色彩不够理想，可在蚌螺纹样的反面涂上所要的色彩，这样衬上颜色的蚌螺纹样的效果也很不错。

［**解读**］“填漆加甸”的做法是在黑色的漆地上用五彩色漆描绘堆高纹样，再根据画面的需要镶嵌蚌螺的纹样，然后通体覆盖透明漆，透明漆干固后，进行研磨、推光、揩光工序。通常情况下，蚌螺纹样的背面可涂上蓝和绿的色漆粘贴漆地，蓝和绿的色彩透过螺片，效果光彩耀眼。

131［黄文］填漆加甸金银片，彩漆与金银片及螺片杂嵌者①。

［**杨注**］又有加甸与金，有加甸与银，有加甸与金银，随制异其称②。

［**注释**］

①填漆加甸金银片，彩漆与金银片及螺片杂嵌者：一件漆器上用“填漆”技法（见91）、“螺钿”技法（见94）、“嵌金嵌银嵌金银”技法（见96）来髹饰。

②又有加甸与金，有加甸与银，有加甸与金银，随制异其称：“填漆加甸金银片”技法根据“加甸与金”“加甸与银”“加甸与金银”分别称为“填漆加甸金片”“填漆加甸银片”“填漆加甸金银片”。

［解读］“填漆加甸金银片”的做法，是在一件漆器上，用“填漆”“螺钿”和“嵌金嵌银嵌金银”三种技法来髹饰。在黑色的漆地上用五彩色漆描绘堆高纹样，再根据画面的需要镶嵌蚌螺的纹样和金的、或银的、或金银的纹样，然后通体覆盖透明漆，透明漆干固后，进行研磨、推光、揩光工序。

132［黄文］螺钿加金银片，嵌螺中，加施金银片子者[①]。

［杨注］又或用甸与金，或用甸与银，又以锡片代银者，不耐久也[②]。

［注释］

①螺钿加金银片，嵌螺中，加施金银片子者：一件漆器上用“螺钿”技法（见94）和“金银片镶嵌”技法（见96）来髹饰画面。

②又或用甸与金，或用甸与银，又以锡片代银者，不耐久也：有用“螺钿”和“金片镶嵌”的，用“螺钿”和“银片镶嵌”的，也有用锡片代替银片的，但锡片不耐久，时间一长，氧化发黑便失去光泽。

［解读］“螺钿加金银片”的做法是在一件漆器上用“螺钿”和“金银片镶嵌”的技法来髹饰。在磨好的麭漆地上，贴牢蚌螺薄片纹样和金片或银片的纹样，通体覆盖一道黑推光漆，漆干固后，进行研磨、推光、揩光工序。

133［黄文］衬色螺钿，见于填嵌第七之下[①]。

[**注释**]

①衬色螺钿，见于填嵌第七之下：“衬色螺钿”是在一件漆器上同时用“彩色衬底”“金色衬底”或“银色衬底”的蚌螺片纹样来髹饰画面，所以把它列入斒斓门这一章。

134 [黄文] 铨金细钩描漆[1]，同金理钩描漆，而理钩有阴阳之别耳[2]。又有独色象者。

[**杨注**] 独色象者，如朱地黑文，黑地黄文之类，各色互用焉[3]。

[**注释**]

①铨金细钩描漆：一件漆器上用“铨金细钩”（见118）和“描漆”技法（见87）来髹饰。具体做法是在推光漆地上彩绘花纹，待彩绘的花纹干透，用刻刀沿着花纹的轮廓和脉络刻出纹路。在纹路里打金底漆，贴金箔，使描漆花纹呈现金色的阴文边框和纹理。

②同金理钩描漆，而理钩有阴阳之别耳：“金理钩描漆”具体做法一种是在推光漆地上描画出彩色花纹，然后勾金色纹理；一种是在推光漆地上先勾出金色的外框轮廓，然后再填彩漆。这里的金色纹理是凸出漆地的。而本条“铨金细钩描漆”的金色纹理是凹入漆面的，这是两种技法的不同之处，故称纹样“理钩有阴阳之别耳”。

③独色象者，如朱地黑文，黑地黄文之类，各色互用焉：“独色象者”是指在纯色漆面上画花纹再加以刻纹铨金，如在朱色漆地上画黑色的纹样、在黑色漆地上画黄色的纹样等。各种颜色都可以做漆地的颜色，也可以做漆面上纹样的颜色，地与纹的色彩可以互换。

[**解读**] “铨金细钩描漆”的做法是在推光漆地上彩绘花纹，花纹干透，用刻刀沿着花纹的轮廓和脉络刻出纹路。在纹路里打金底漆，贴金箔，使描漆花纹有金色的阴文边框和纹理。

135［黄文］创金细钩填漆，与创金细钩描漆相似，而光泽滑美[①]。

［杨注］有其地为锦文者，其锦或填色或创金[②]。

［注释］

①创金细钩填漆，与创金细钩描漆相似，而光泽滑美：一件漆器上同时用“创金细钩”（见118）和“填漆”技法（见91）来髹饰。它的效果与“创金细钩描漆”极相似。但不同的是，纹样填色漆的部分要经过研磨、推光工序，漆面比“创金细钩描漆”做法的漆面平滑有光泽度。

②有其地为锦文者，其锦或填色或创金：“创金细钩填漆”有的是以锦地为底。锦地有两种做法：一种是用刀划刻纹样，纹样里填满色漆，然后全部进行研磨、推光工序。另一种是用刀划刻纹样，纹样里涂上金底漆，贴上金箔，成为稍微凹陷的金色纹路。

［解读］“创金细钩填漆”的做法：在麴漆漆面上用刻刀刻出纹样，低陷的纹样里填满色漆，色漆干固后进行研磨、推光工序，显露出平整光滑的纹样。再用刻刀沿着纹样的轮廓和脉理刻出纹路，在纹路里涂上金底漆，贴金箔，使填漆纹样有金色的阴文边框和纹理。

136［黄文］雕漆错镌甸，黑质上雕彩漆，及镌螺壳为饰者[①]。

［杨注］雕漆有笔写厚堆者，有重髹为板子而雕嵌者[②]。

［注释］

①雕漆错镌甸，黑质上雕彩漆，及镌螺壳为饰者：“黑质”，指黑色的漆胎。在黑色的漆胎上用“剔彩”（见111）和“镌甸”的技法（见116）来髹饰。

②雕漆有笔写厚堆者，有重髹为板子而雕嵌者：雕漆指“剔彩”。“剔彩”有“笔写厚堆”和“重髹”两种做法，这两种做法又称为“堆色雕漆”和“重色雕漆”。

它们结合“镌甸”的做法称为“雕漆错镌甸”技法。

[解读]“雕漆错镌甸”的做法有两种：1.“重色雕漆错镌甸”：在黑色的漆地上用不同颜色的漆，分层漆上去，每层若干道，使各色都有一个相当的厚度，然后用刀剔刻；需要某种颜色，便剔去在它以上的漆层，露出需要的色漆，并在它的上面刻花纹。这样，一个器物上具备各个纹样的颜色，然后在纹样中镶嵌镌甸。2.“堆色雕漆错镌甸”：在黑色的漆地上通体先涂一种色漆至一定的厚度，再根据图案的要求将需要配色的纹样轮廓内的漆层剔掉，剔掉部分的空白填上所需要的色漆，色漆上面再剔刻花纹的细部，然后再镶嵌蚌螺浮雕纹样。

137[黄文]彩油错泥金加甸金银片，彩油绘饰，错施泥金、甸片、金银片等，真设文富丽者①。

[杨注] 或加金屑，或加洒金亦有焉。此文宣德以前所未曾有也②。

[注释]

①彩油错泥金加甸金银片，彩油绘饰，错施泥金、甸片、金银片等，真设文富丽者：一件漆器上用“描油”（见89）、“泥金”（见86）、“螺钿”（见94）、“嵌金银片”（见96）等技法来髹饰，纹样十分富丽多彩。

②或加金屑，或加洒金亦有焉。此文宣德以前所未曾有也：“描油”“泥金”“螺钿”“嵌金银片”四种技法并施于一件漆器上，有的还再加“洒金屑”和“洒金粉”的做法(见85)。像这样结合多种技法装饰一件漆器的做法，是明宣德年以后才流行的。

[解读]“彩油错泥金加甸金银片”的做法，是在一件漆器上“描油”“泥金”“螺钿”“嵌金银片”四种髹饰技法并施。“彩油”即“描油”技法，用各种“油色”在漆地上描绘纹样的技法称为“描油”，即油色绘饰。“泥金”

即“泥金画漆”技法，也称为“描金”，就是在漆地上描画金色的纹样。“螺钿”是用蚌螺壳薄片加工而成的纹样，镶嵌在漆器上的工艺。“嵌金银片”做法是将厚度0.1毫米的金片或银片镶嵌在漆器上的工艺。“洒金”做法，是在湿漆面上洒金箔碎屑或者大小颗粒的金粉工艺。这种结合多种漆艺技法髹饰的漆器十分富丽多彩，是明代中叶以后才流行的一种漆器综合髹饰技法。

138［黄文］百宝嵌，珊瑚、琥珀、玛瑙、宝石、玳瑁、钿螺、象牙、犀角之类，与彩漆板子，错杂而镌刻镶嵌者，贵甚[①]。

［**杨注**］有隐起者，有平顶者[②]。又近日加窑花烧色代玉石，亦一奇也[③]。

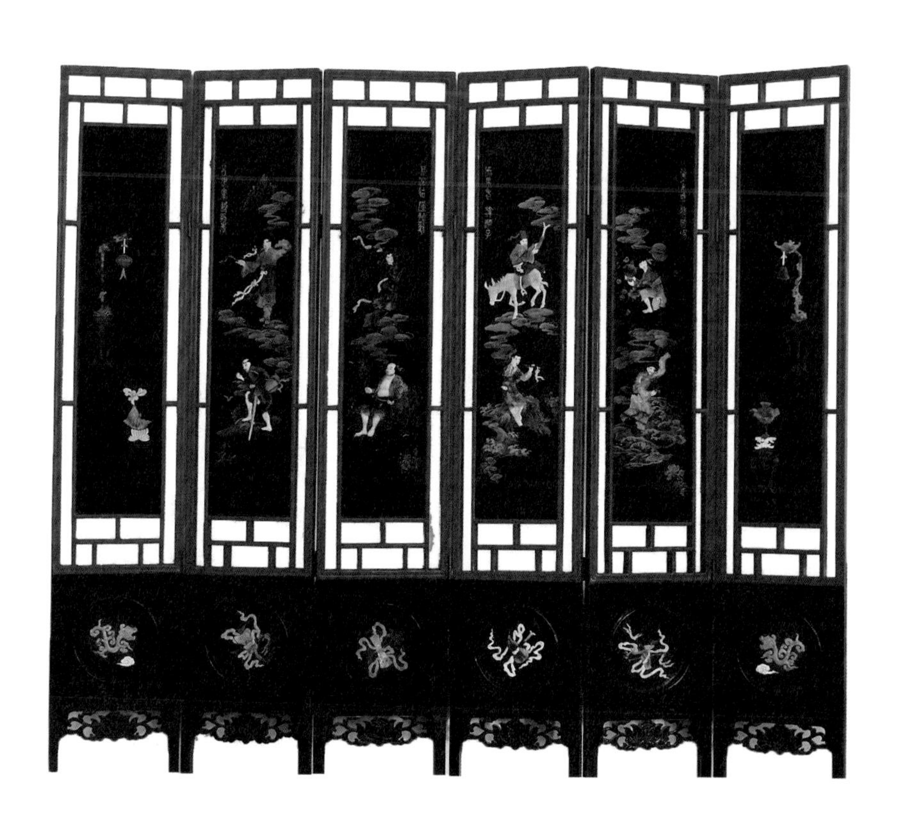

叶文端·博古屏风

[**注释**]

①百宝嵌，珊瑚、琥珀、玛瑙、宝石、玳瑁、钿螺、象牙、犀角之类，与彩漆板子，错杂而镌刻镶嵌者，贵甚：把珊瑚、琥珀、玛瑙、宝石、玳瑁、钿螺、象牙、犀角等雕刻成物像，根据设计图案镶嵌在彩漆板子上（插屏或屏风），组合成一幅精美的图纹。漆板子上的彩漆纹样也是整幅图纹的组成部分。这样的髹饰充分显示了器物的华贵。

②有隐起者，有平顶者：百宝嵌的纹样有两种做法，一种是浮雕式的，即“隐起者”。一种是表面齐平的，即“平顶者”。

③又近日加窑花烧色代玉石，亦一奇也：近来有用彩色瓷片代替玉石作为百宝嵌的镶嵌配件，也是一件新奇的事。

[**解读**] “百宝嵌”技法主要是作为漆器插屏或屏风的装饰。插屏或屏风上的彩漆图纹是整幅纹样的背景图案，根据图纹的设计，用珊瑚、琥珀、玛瑙、宝石、玳瑁、钿螺、象牙、犀角等名贵材料雕刻成的物像（部件）镶嵌在插屏或屏风上，组成一幅图画，画面自然和谐，华贵无比。

复饰[1]第十三

[**杨注**] 美其质而华其文者，列在于此，即二饰重施也。宋、元至国初，皆巧工所述作也。

[**注释**]

①“复饰”技法是在一件漆器上，先把漆地上的纹样做好，然后在有美纹的漆地上再用一种或两种髹饰技法覆盖其上。“复饰”技法与“斒斓门”技法不同之处在于，“斒斓门”是将各种工艺技法相结合平面髹饰在一件漆器上，而“复饰”技法是先将漆地的纹样做好，然后再覆盖一种或两种髹饰技法。“复饰”技法在宋朝、元朝至明朝初年，通过能工巧匠口述和手手传承以及他们的作品流传下来的。现将这种“复饰”技法一一列在此章。

139［黄文］洒金地诸饰①，金理钩螺钿②、描金加甸③、金理钩描漆加蚌④、金理钩描漆⑤、识文描金⑥、识文描漆⑦、嵌镌螺⑧、雕彩错镌螺⑨、隐起描金⑩、隐起描漆⑪、雕漆⑫。

［杨注］所列诸饰，皆宜洒金地，而不宜平写款饯之文，沙金地亦然焉⑬。今人多假洒金上设平写描金或描漆，皆假效此制也⑭。

［注释］

①洒金地诸饰：在漆地上施“洒金”技法（见85）来做各个髹饰技法的漆地。“洒金”的做法见本条解读。

②金理钩螺钿：在“洒金”地上镶嵌蚌螺片纹样（螺钿见94），蚌螺片纹样上要用金色勾勒纹理。

③描金加甸：在“洒金”地上加“描金”花纹（见86）和“螺钿”花纹（见103）。

④金理钩描漆加蚌：在“洒金”地上加“金理钩描漆”（见125）和“螺钿”纹样（见94）。

⑤金理钩描漆：在“洒金”地上加“金理钩描漆”技法（见125）。

⑥识文描金：在“洒金”地上加“识文描金”技法（见98）。

⑦识文描漆：在“洒金”地上加“识文描漆”技法（见99）。

⑧嵌镌螺：在“洒金”地上加“嵌镌螺”技法（见116）。

⑨雕彩错镌螺：在“洒金”地上加“雕彩错镌螺”（见136）技法。

⑩隐起描金：在洒金地上加“隐起描金”纹样（见103）。

⑪隐起描漆：在洒金地上加“隐起描漆”纹样（见104）。

⑫雕漆：是在洒金地上加“雕漆”纹样。

⑬所列诸饰，皆宜洒金地，而不宜平写款饯之文，沙金地亦然焉：“洒金”地子适合以上所列的11种漆艺髹饰技法。沙金（洒金的一种，似沙子样的金屑颗粒）地子也适合上述诸技法。洒金地子上不宜描画低而平的纹样，不宜铊刻纹理填金做法，这些技法易与洒金地子相混，从而失去应有的艺术效果。

⑭今人多假洒金上设平写描金或描漆，皆假效此制也：把金银箔碎屑洒在漆面上，不罩透明漆，直接当作“洒金”地子，在上面描画低而平的“描金”或“描漆”纹样，这是在模仿“洒金地描金”和“洒金地描漆”技法，谓“假洒金”技法。（见85）。

[**解读**]“洒金地诸饰”是指在漆地上施“洒金”的技法，来作为“金理钩螺钿”等11种髹饰技法的漆地。“洒金地”的具体做法是，在湿漆面上洒金箔、银箔碎屑或大小金粉颗粒，干固后，罩上透明漆。“洒金地”的漆地上有两种不宜的做法，一是描画低而平的纹样，二是使用“铯划填金”技法。因为这两种装饰技法易与“洒金”地子相混，而失去应有的工艺效果。

140 [黄文] 细斑地诸饰①，识文描漆②、识文描金③、识文描金加甸④、雕漆⑤、嵌镌螺⑥、雕彩错镌螺⑦、隐起描金⑧、隐起描漆⑨、金理钩嵌蚌⑩、戗金钩描漆⑪、独色象铯金⑫。

[**杨注**]所列诸饰，皆宜细斑也⑬，而其斑黑、绿、红、黄、紫、褐，而质色亦然，乃六色互用⑭。又有二色、三色错杂者，又有质斑同色，以浅深分者，总揩光填色也⑮。

[**注释**]

①细斑地诸饰：在漆地上施“细斑”的技法（见93）来作为各个装饰技法的漆器地子。“细斑”技法见本条解读。

②识文描漆：在“细斑”地上，加“识文描漆”纹样（见99）。

③识文描金：在“细斑”地上，加“识文描金”纹样（见98）。

④识文描金加甸：在“细斑”地上，加“识文描金”纹样（见98）和“镶嵌蚌螺”纹样（见94）。具体做法是在细斑地上用漆或漆灰堆起高低起伏的纹样，干后，刷上金底漆，洒上碎金屑或贴金粉，然后在纹样中镶嵌蚌螺片纹样。

⑤雕漆：在“细斑”地上，加“雕漆”纹样。具体的做法是在“细斑”地上用纯色的色漆一道一道刷，以设定的厚度为准。当漆膜呈现出牛皮糖状态时，剔出纹样。待纹样的漆层干透干固后，再进行磨光工序。“细斑地雕漆”的特点是纹样的间隙露出“细斑”地子。

⑥嵌镌螺：在“细斑”地上，加“嵌镌螺”（见116）纹样。

⑦雕彩错镌螺：在“细斑”地上，加“雕彩错镌螺”（见136）纹样。

⑧隐起描金：在“细斑”地上，加“隐起描金”（见103）纹样。

⑨隐起描漆：在“细斑”地上，加“隐起描漆”（见104）纹样。

⑩金理钩嵌蚌：在“细斑”地上，加“金理钩嵌蚌”（见129） 纹样。

⑪戗金钩描漆：在“细斑”地上，加“戗金钩描漆”（见134） 纹样。“细斑地戗金钩描漆”的特点是透过面上的纹样间隙可见“细斑”漆地的花纹。

⑫独色象铊金：在“细斑”地上，加“独色象铊金”（见134）纹样。具体做法是在“细斑”地上用一种颜色的色漆画纹样，纹样的轮廓和纹理用铊划填金的方法来表现。

⑬所列诸饰，皆宜细斑也：上述所列的11种技法都适合在细斑漆地上髹饰。

⑭而其斑黑、绿、红、黄、紫、褐，而质色亦然，乃六色互用：细斑纹样色漆有黑、绿、红、黄、紫、褐等颜色，覆盖的色漆也有黑、绿、红、黄、紫、褐等颜色。漆面纹样色漆和漆面覆盖色漆可以互换使用。

⑮又有二色、三色错杂者，又有质斑同色，以浅深分者，总揩光填色也：用二种或三种色漆交错使用，形成“细斑地”的纹样。也有漆地纹样色漆与漆面覆盖色漆颜色相同，只是以其色漆的深浅颜色来区分的。“细斑”地颜色虽然变化很多，但都要进行色漆填纹、研磨、推光等工序的。

[解读]“细斑地诸饰”指在漆地上施“细斑”的做法，来作为“识文描漆”等11种髹饰技法的漆地。“细斑地”的做法是用“引起料”（见18）将漆地上印出凹凸不平的自然纹样，覆盖一道或两道与底纹不同颜色的色漆，再进行磨平、推光工序，漆面上显现五彩缤纷的斑纹。“细斑地”作为漆地的细斑纹样，纹样是细小的，“引起料”也应该是细小的。

141［黄文］绮纹地诸饰，压文同细斑地诸饰[1]。

［杨注］即绮纹填漆地也。彩色可与细斑地互考[2]。

［注释］

①绮纹地诸饰，压文同细斑地诸饰：在漆地上施“绮纹”的技法（见92）来做各个髹饰技法的漆地，“绮纹”做法见本条解读。“细斑”地子上适用的11种漆艺髹饰技法，也适用“绮纹”地子。

②即绮纹填漆地也，彩色可与细斑地互考：“绮纹”的做法与“细斑”的做法一样，纹样色漆有黑、绿、红、黄、紫、褐等颜色，覆盖面漆的色漆也有黑、绿、红、黄、紫、褐等颜色，纹样和面漆的颜色，可以互换结合使用。

［解读］“绮纹地诸饰”是指在漆地上施“绮纹”的做法，来做“识文描漆”等十一种髹饰技法的漆地。“绮纹地”的做法是：准备一把特制的刷纹刷子；用刷子蘸稠的色漆，在漆地上刷出预定的绮纹；覆盖一道较厚的不同颜色的色漆；色漆干固后，进行研磨、推光工序，显现出绮纹的效果。

142［黄文］罗纹地诸饰[1]，识文划理[2]、金理描漆[3]、识文描金[4]、揸花漆[5]、隐起描金[6]、隐起描漆[7]、雕漆[8]。

［杨注］有以罗为衣者，有以漆细起者。有以刀雕刻者，压文皆宜阳识[9]。

［注释］

①罗纹地诸饰：表面有细密网纹的漆地，也称“罗纹”地，“罗纹”做法见本条解读。“罗纹地诸饰”用“罗纹”漆地来做各个髹饰技法的漆地。

②识文划理：在“罗纹”地上，加“识文划理”纹样（见98）。

③金理描漆：在“罗纹”地上，加“金理描漆”纹样（见99）。

④识文描金：在“罗纹”地上，加“识文描金”纹样（见98）。

⑤揸花漆：在“罗纹”地上，加“揸花漆”（见100）纹样。具体的做法：在“罗纹”地上堆起细齐的如刺绣的花纹，然后用彩色勾出花纹的纹理或用刀划出细浅的纹理，再填上金色，纹样与漆地的颜色不能一样，花纹间露出“罗纹”地子。

⑥隐起描金：在“罗纹”地上，加“隐起描金”（见103）纹样。

⑦隐起描漆：在“罗纹”地上，加“隐起描漆”（见104）纹样。

⑧雕漆：在“罗纹”地上，加“雕漆”纹样。具体做法是在“罗纹”地上用纯色的色漆一道一道刷，当漆膜呈现出牛皮糖状态时，剔出纹样。待纹样的漆层干透干固后，再进行磨光工序。

⑨有以罗为衣者，有以漆细起者。有以刀雕刻者，压文皆宜阳识：罗纹地有3种做法：以罗为衣，以漆细起，以刀雕刻。罗纹漆地上适用覆压阳纹的髹饰技法。

［**解读**］“罗纹地诸饰”是以“罗纹”做“识文划理”等7种髹饰技法的漆地。“罗纹”地有3种做法：1. 以罗为衣者，在漆地上涂上漆液，粘贴上罗布，罗布上直接刷色漆，刷漆后还可以看出罗的纹理。2. 以漆细起者，在漆地上均匀刮上一层漆灰（细），湿漆灰上盖上罗布，轻轻压实罗布，半小时至一小时揭去罗布，留下罗布纹样。在罗布纹样上刷上一道或多道色漆，磨显罗纹即可。3. 以刀雕刻者，在较厚的漆面上，剔刻出罗纹样阴纹，阴纹里填满与漆地不一样的色漆，磨显罗纹即可。

143［黄文］锦纹钤金地诸饰[①]，嵌镌螺，雕彩错镌甸。余同罗纹地诸饰[②]。

［**杨注**］阴纹为质地，阳文为压花，其设文大反而大和也[③]。

［**注释**］

①锦纹铃金地诸饰：在漆地上施“锦纹铃金”技法（见135）来做各个髹饰技

法的漆地。"锦纹戗金"的做法见本条解读。

②嵌镌螺，雕彩错镌甸，余同罗纹地诸饰："嵌镌螺"（见116）、"雕彩错镌甸"（见136）的髹饰技法都适合在"锦纹戗金"地子上的装饰，"罗纹"地子上适用的7种漆艺髹饰技法，也适用"锦纹戗金"地子。

③阴纹为质地，阳文为压花，其设文大反而大和也：以上各种髹饰技法的地子，凡是"戗金"的锦纹，都是凹下去的，而压在锦地上的纹样，都是凸出来的。一阴一阳，是相反的，但配合在一起，美美与共，和谐美观。

[**解读**]"锦纹戗金地诸饰"是在漆地上施"锦纹戗金"的纹样，来做"嵌镌螺"等9种髹饰技法的漆地。"锦纹戗金地"的做法有两种：1. 用刀划刻纹样，纹样里填满色漆，然后全部磨平。2. 用刀划刻纹样，纹样里涂上金底漆，贴上金箔或金粉，成为稍微凹陷的金色纹路。

纹间[①]第十四

[**杨注**] 文质齐平，即填嵌诸饰及戗、款互错施者，列在于此[②]。

[**注释**]

①纹间："纹间"技法，"纹"放在技法名称的前半部分，是髹饰的主体纹样，纹样大而疏朗；"间"放在技法名称的后半部分，都居宾位，纹样比较小而细密。

②文质齐平，即填嵌诸饰及戗、款互错施者，列在于此："文"指主体的纹样。"质"指漆地的纹样。"文质齐平"指漆面髹饰的主体纹样和漆地髹饰的纹样融为一体，光滑平整。"纹间"技法，是将"填嵌""戗划"、"款彩"（见117）等技法相结合髹饰在一件漆器上。此种髹饰的技法一一列在此章。

144 [黄文] 戗金间犀皮，即攒犀也。其纹宜折枝花、飞禽、蜂蝶及天宝海琛图之类[①]。

[**杨注**]其间有磨斑者，有钻斑者[2]。

[**注释**]

①铨金间犀皮，即攒犀也。其纹宜折枝花、飞禽、蜂蝶及天宝海琛图之类：一件漆器上，面上主体纹样的髹饰用“铨金”（见118）的技法做出折枝花、飞禽、蜂蝶、天宝海琛图等纹样。漆地的纹样是用“攒犀”技法做的。

②其间有磨斑者，有钻斑者：“攒犀”地子有“磨斑”“钻斑”两种做法。“磨斑”，魏漆漆面上，用钻钻出密布的小凹眼，再用色漆填满小凹眼，然后进行磨平、推光工序，最后在“磨斑”推光的漆面上用“铨金”的花纹作为主体髹饰的花纹。“钻斑”，推光漆地上，在“铨金”主体花纹的空隙间，用钻钻出密布的小凹眼，不填色漆，用这种不平的地子来衬托出“铨金”的主体花纹。

[**解读**]“铨金间犀皮”技法的特点是，一件漆器上用“铨金”技法来髹饰主体的纹样，用“攒犀”技法来做地子的纹样。“铨金间犀皮”的做法有“铨金间磨斑”和“铨金间钻斑”两种。

需要说明的是，“磨斑”纹样是先在漆地上做好纹样，然后在“磨斑推光”的漆地上再做主体的“铨金”纹样。而“钻斑”纹样是先在“推光”漆面上做“铨金”的主体纹样，然后在漆面上的“铨金”主体花纹的空隙间，用钻钻出密布的小凹眼，小凹眼不填色漆。

145［黄文］款彩间犀皮，似攒犀而其纹款彩者[1]。

[**杨注**]今谓之款文攒犀。

[**注释**]

①款彩间犀皮，似攒犀而其纹款彩者：一件漆器上用“款彩”（见117）技法来髹饰主体的纹样，用“攒犀”（见144）技法来做地子的纹样。

[**解读**]“款彩间犀皮”技法是用“款彩”的技法来髹饰主体的纹样，用“攒犀”技法来做漆地的纹样。具体做法：先在推光漆面上刻凹下去的花纹，填上彩漆，彩漆干固后，在漆面上的“款彩”主体花纹的空隙间，用钻钻出密布的小凹眼，小凹眼不填色漆，用这种不平的地子来衬托出“款彩”的主体花纹。至于填花纹的彩漆可以用漆调颜料的“色漆”，也可以用油调颜料的“油色”。

146 [黄文] 嵌蚌间填漆，填漆间螺钿，右二饰文间相反者，文宜大花，而间宜细锦①。

[**杨注**] 细锦复有细斑地、绮纹地也②。

[**注释**]

①嵌蚌间填漆，填漆间螺钿，右二饰文间相反者，文宜大花，而间宜细锦：“嵌蚌”即“螺钿”技法。“右二饰”指嵌蚌间填漆、填漆间螺钿两种髹饰技法。“嵌蚌间填漆”，是用“螺钿”（见94）技法来髹饰主体花纹，用“填漆”（见91）技法来做漆地的锦纹。“填漆间螺钿”，是用“填漆”的技法来髹饰主体花纹，用“螺钿”技法来做锦地。“填漆间螺钿”在主体花纹及漆地的做法上，恰好与“嵌蚌间填漆”的做法相反，因而说“文间相反”。其中主体花纹的髹饰宜用大花，而漆地宜用细锦纹样来髹饰。

②细锦复有细斑地、绮纹地也：“填漆”技法做成的细锦纹地子有“细斑地”（见93）和“绮纹地”（见92）两种。“细斑地”的做法：①用“引起料”（见18）在湿漆地上印出凹凸不平的自然纹样。②在凹凸不平的纹样漆地上，覆盖一道或两道与底纹不同颜色的色漆。③再进行磨平、推光工序，漆面上显现出华彩缤纷的斑纹。“绮纹地”的做法：①准备一把特制的刷纹刷子。②用刷子蘸稠的色漆，在漆地上刷出预定的绮纹。③覆盖一道较厚的与此不同颜色的色漆。④色漆干固后，研磨推光工序，显现出绮纹的效果。

[**解读**]“嵌蚌间填漆”的技法是用“螺钿”的做法来髹饰主体的花纹，

用“填漆”的做法来髹饰漆地的纹样。具体做法是在漆地上镶嵌主体的螺蚌纹样，刷上一道较厚的黑推光漆。漆面上，在凸显的主体花纹的间隙中刻划低陷的细纹样，用色漆填平低陷的纹样。漆层干固后，进行整体研磨、推光、揩光工序。

“填漆间螺钿”技法是用“填漆”的做法来髹饰主体的花纹，用“蚌螺钿”的技法来髹饰漆地的纹样。具体做法是漆地上先留下主体纹样的空白，在空白的外围镶嵌细锦螺蚌纹样，刷上一道黑推光漆。在干固后的漆面上，用刀刻划凹陷的主体的纹样，用色漆填平凹陷的纹样。色漆层干固后，进行整体研磨、推光、揩光工序。

147［黄文］填蚌间铃金，钿花纹铃细锦者[①]。

［**杨注**］此制文间相反者不可，故不录焉[②]。

［**注释**］

①填蚌间铃金，钿花纹铃细锦者：“填蚌”即“螺钿”技法。用“螺钿”（见94）技法来髹饰主体花纹，用“铃金”（见118）技法来髹饰锦地。

②此制文间相反者不可，故不录焉：“填蚌”和“铃金”在“主体纹样”和“漆地纹样”上的髹饰不可以互换角色，所以只记载这种做法。

［**解读**］“填蚌间铃金”的做法只有一种，用“螺钿”技法为主体花纹的髹饰技法，用“铃金”技法为锦地的髹饰技法。具体做法是在漆地上粘贴主体的螺蚌纹样，刷上一道较厚的黑推光漆，黑推光漆干固后，磨平现出螺蚌纹样，进行推光、揩光工序，在揩光面上的主体花纹的间隙中，刻划低陷的细纹样，刷上“金底漆”，贴上金箔或金粉。

“填蚌间铃金”技法在主体纹样和漆地纹样上，两者不可以互换角色，“螺钿”的纹样色泽艳丽明朗，而“铃金”则为划纹填金，轮廓较纤细。“螺钿”倘若作为漆地纹样，会有喧宾夺主之嫌，所以只能有一种做法，即“填蚌间戗金”。“戗金”技法只能做锦地，充当配角。

148［黄文］嵌金间螺钿，片嵌金花，细填螺锦者①。

［**杨注**］又有银花者，有金银花者，又有间地沙蚌者②。

［**注释**］

①嵌金间螺钿，片嵌金花，细填螺锦者：用“嵌金”（见96）技法做主体花纹，用“螺钿”（见94）技法做细锦纹地子。

②又有银花者，有金银花者，又有间地沙蚌者：有用“嵌银”技法做主体花纹的，有用“嵌金银”技法做主体花纹的，还有用“蚌壳沙屑”做漆地的纹样的。“蚌壳沙屑”就是蚌螺片的碎屑。

［**解读**］“嵌金间螺钿”的技法是用“嵌金片”“嵌银片”“嵌金银片”做主体花纹的髹饰，用“螺钿”“蚌壳沙屑”技法做细锦纹地子的髹饰。具体做法有“嵌金间螺钿”“嵌金间蚌壳沙屑”两种技法。

“嵌金间螺钿”，在漆地上粘贴金片、银片或金银片的主体花纹。主体花纹干固后，在间隙中粘贴薄的“螺蚌”细锦纹地子。整体刷上一道较厚的黑推光漆，漆干固后，进行研磨、推光、揩光工序。

“嵌金间蚌壳沙屑”，在漆地上粘贴金片、银片或金银片的主体花纹。主体花纹干固后，在间隙空白中粘贴粗的或细的蚌壳颗粒。蚌壳颗粒干固后，整体刷上一道黑推光漆，黑推光漆干固后，进行研磨、推光，揩光工序。

要求蚌壳碎屑的颗粒大小要一致，事先用筛子分出粗和细的颗粒。

149［黄文］填漆间沙蚌，间沙有细粗疏密①。

[**杨注**] 其间有重色眼子斑者[2]。

[**注释**]

①填漆间沙蚌，间沙有细粗疏密：用“填漆”技法（见91）做主体花纹的髹饰，用“蚌壳沙屑”技法（见94）做地子纹样的髹饰。蚌壳沙屑有细有粗，嵌入漆地也应疏密错落有致才好。

②其间有重色眼子斑者：漆地上直接用五彩色漆描绘堆高的主体花纹，花纹干固后在主体花纹的间隙中涂刷漆液，洒上蚌壳的沙屑，干固后，再整体罩上一道较厚的透明漆，研磨、推光后漆面上显现主体纹样，有的主体纹样与蚌壳沙屑相叠的地方还会出现重色眼子斑纹。

[**解读**] “填漆间沙蚌”的做法，是用“填漆”为主体花纹的髹饰技法，用“蚌壳沙屑”为漆地的髹饰技法。具体做法是在漆地上直接用五彩色漆描绘堆高主体花纹。花纹干固后，在主体花纹的间隙空白中涂刷漆液，洒上蚌壳的沙屑，要求沙屑有疏有密、错落有致。然后整体再罩上一道较厚的透明漆，透明漆干固后，进行研磨、推光、揩光工序。

裹衣[1]第十五

[**杨注**] 以物衣器而为质，不用灰漆者，列在于此。

[**注释**]

①“裹衣”的做法是，在胎骨上刷底漆，粘贴上皮革、罗或纸，就像给胎骨裹上一件衣服，不上漆灰，只在皮、罗、纸衣上刷几道漆液即可。这种做法列在此章。

150[黄文]皮衣，皮上糙、麭二髹而成，又加文饰[1]。用薄羊皮者，棱角接合处如无缝缄，而漆面光滑[2]。又用縠纹皮亦可也[3]。

[杨注] 用縠纹皮者不宜描饰，唯有色漆三层而磨平，则随皮皱露色为斑纹，光华且坚而可耐久矣④。

[注释]

①皮衣，皮上糙、魏二髹而成，又加文饰：在胎骨上刷漆，粘贴皮革，在皮革上刷一道透明糙漆，在透明糙漆上再刷一道较厚的透明魏漆，不上漆灰，直接在透明魏漆的漆面上加以纹饰。

②用薄羊皮者，棱角接合处如无缝缄，而漆面光滑：用薄羊皮包裹胎骨，因它的皮质柔软又薄，故棱角缝接处无接缝痕迹，刷漆后的漆面也很光滑。

③又用縠纹皮亦可也：縠纹，有皱纹的纱布，这里指带有皱纹的皮革。这种皮革也可以用作裹衣。

④用縠纹皮者不宜描饰，唯有色漆三层而磨平，则随皮皱露色为斑纹，光华且坚而可耐久矣：用带有皱纹的皮革做裹衣，这种皮裹衣不适合描绘纹样，可利用皮革上的天然皱纹作为皮衣的纹样。做法是，在有皱纹的皮革上刷上三道色漆，干固后，进行研磨、推光工序，显现出的斑纹，既光彩又坚固，经久耐用。

[解读] 用"皮革"做裹衣有两种做法：一种是用薄羊皮包裹胎骨，因薄羊皮皮质柔软又薄，不但棱角缝接处无接缝痕迹，且刷漆后的漆面也很光滑。另一种是用带有皱纹的皮革，利用皮革上的天然纹样，在皮革上刷上三道色漆，干固后，进行研磨、推光工序。

151 [黄文] 罗衣，罗目正方，灰缄平直为善①。罗与缄必异色。又加文饰②。

[杨注] 灰缄以灰漆压器之棱，缘罗之边端而为界缄者。又加纹饰者，可与复饰第十三罗纹地诸饰互考。又等复色数叠而磨平为斑纹者，不作缄亦可③。

[**注释**]

①罗衣，罗目正方，灰缄平直为善：在胎骨上刷上漆，粘贴上罗布，罗纹要对得方方正正地贴上去。灰缄，是沿着罗衣的棱际边缘，用漆灰堆起线条，给器物表面添上齐整的边框。因为罗纹是方的，所以灰缄必须平直与罗纹保持齐整为好。

②罗与缄必异色。又加文饰：罗衣与灰缄以髹饰不同的色彩而区分开来。又有在罗衣地子上加各种纹样髹饰的做法（见 142）。

③又等复色数叠而磨平为斑纹者，不作缄亦可：胎骨裹上罗衣后，直接用两种或两种以上的色漆，依次髹涂，干固后研磨，显现出平滑光亮的罗纹，以及不同色漆的层次斑纹。采用这种做法的，可以不做缄灰，以求斑纹统一和谐、灿烂和美。

[**解读**] “罗布”做裹衣，它的工艺特点是：1. 沿着罗衣的棱际边缘做灰缄，罗衣与灰缄上的色漆要以不同的颜色区分开来，还可以在罗衣地子上加各种纹样的髹饰。2. 不做灰缄，直接在罗衣上用两种或两种以上的色漆，依次髹涂，干固后研磨，显现出平滑光亮，以及不同色漆的层次斑纹。

[**工艺工序**]

福州脱胎漆器髹饰技法“罗纹”的工艺工序

1. 细麻布浸泡几天，晾干，熨平整，按设计尺寸剪成块状，要求经纬线平直。

2. 面粉调生漆成糊状待用。（福州漆工称此为“生漆面”）

3. “生漆面”均匀涂刷在糙漆地上，敷上麻布，用骨锹刮实压实，麻布面上均匀刷上纯生漆，漆吃透即可，不要太厚。

4. 放置 10 至 20 天，麻布漆面彻底干透干固后，用细布沙纸通体干磨一道。

5. 上一道朱红色漆。

6. 水砂纸稍微磨一下；或刷一道金底漆，贴上铝箔粉。

7. 上一道黑推光漆；或上两道透明漆。

8. 再上一道朱红色漆。

9. 色漆层干固后，进行研磨、推光、揩光工序。可磨平，也可不磨平；可做到推光工序结束，也可做到揩光工序结束。

152［黄文］纸衣，贴纸三四重，不露胚胎之木理者佳，而漆漏燥，或纸上毛茨为颣者，不堪用[①]。

［**杨注**］是韦衣之简制，而裱以倭纸薄滑者，好且不易败也[②]。

［**注释**］

①纸衣，贴纸三四重，不露胚胎之木理者佳，而漆漏燥，或纸上毛茨为颣者，不堪用：纸衣的做法是在胎骨上刷上漆液，贴上纸，干透后，纸上再刷漆液再贴纸，这样重复贴三至四张，不露出木胎的纹理为好。如果刷漆不均或纸质不好，纸面的漆液渗透到胎骨，纸衣就呈薄而燥的漆面，达不到丰厚润泽的效果。还有一种纸，刷上漆液，纸上毛茨竖起成为纸衣的颣点，这样的纸也不能作为纸衣使用。

②是韦衣之简制，而裱以倭纸薄滑者，好且不易败也：韦，皮革，指经过加工的熟皮革。纸衣是皮衣的简单省料的替代品。薄而柔韧光滑的日本制造的纸，用来作为纸衣的材料比较好，制作过程和成品都不易损坏。

［**解读**］“纸”做裹衣，是用纸替代皮革来作为裹衣的材料。“纸”做裹衣，首先要选择质地优良的纸，还要在裹衣制作的过程中注意以下几点：1. 胎底上刷底漆要均匀（生漆要纯，加点面粉增加黏性。）2. 纸贴上去，纸面的漆液要均匀吃透。3. 前一张的纸要干透，才能刷漆覆盖后一张的纸。4. 每一道贴纸的漆都要吃透，这样才不会露出底胎的木头纹理，漆面才会丰厚润泽。

单素[①]第十六

[杨注] 榛器一髹而成者，列在于此。

[注释]

①“单素”，是在木胎上只填补、填平木胎中的对缝、裂缝、木节眼以及较大的凹陷处，砂纸擦磨后（干磨），上一道底漆，就刷面漆了。面漆材料可用漆，也可用加催干剂的炼制过的熟桐油。现将这种做法列在此章。

153[黄文]单漆，有合色漆及髹色，皆漆饰中尤简易而便急也[①]。

[杨注] 底法不全者，漆燥暴也。今固柱梁多用之[②]。

[注释]

①单漆，有合色漆及髹色，皆漆饰中尤简易而便急也：单漆有“合色漆”和“髹色漆”两种做法，都是漆饰中比较容易掌握的技法，而工艺过程也相对简单快速。

②底法不全者，漆燥暴也。今固柱梁多用之：即使是上述两种简单易操作的技法，打底部分的工序也要做好，否则面漆刷上去会显现出薄燥无光的漆面。现在的庙宇房屋的柱梁大多采用此种漆法。

[解读] “单漆”技法有两种：1.“合色漆”，其制作工艺工序分为底与面两部分：木坯地底部分，只用腻子灰填补木胎中的对缝、裂缝、木节眼以及较大的凹陷处。地底不做漆灰工序，只用生漆料全面刷一道为底漆即可，然后刷一道较厚的色漆作为最后的面漆。底漆生漆料由70%生漆调30%溶剂（松节油类），油不可入漆太多，否则地底瘦涩，面漆刷上也是薄燥无光。最后一道面漆的配制为：红推光漆70%（要求漆面2小时左右结膜快干的红推光漆）、广油30%、碾细的色脑（颜料）。色漆颜色以设

定的色相为准。2.“髹色漆”，其制作工艺工序也分为底与面两部分：在胎骨上先刷一道设定的“色水”（水溶颜料），如大红色或紫红色，然后用腻子灰填补木胎中的对缝、裂缝、木节眼以及较大的凹陷处。地底不做漆灰工序，只用生漆料全面刷一道为底漆即可。底漆料由生漆70%、溶剂30%（松节油类）调配。最后一道面漆是透明漆，不入颜料。面漆由红推光漆70%（要求漆面2小时左右结膜快干的红推光漆）、广油30%配制。

“髹色漆”技法工艺的关键是，第一道“色水”底漆、填补的腻子灰料以及生漆底料，都要调入设定色彩的颜料，地底的颜色在上面漆之前就要统一和谐，统一的色彩均匀地从透明漆透出来，增加髹饰的效果。

154［黄文］单油，总同单漆而用油色者。楼、门、扉、窗，省工者用之①。

［杨注］一种有错色重圈者，盆、盂、碟、盒之类。皿底盒内，多不漆，皆坚木所车旋，盖南方所作，而今多效之，亦单油漆之类，故附于此②。

［注释］

①单油，总同单漆而用油色者。楼、门、扉、窗，省工者用之：“单油”与“单漆”的做法相同，只是把“色漆”换成“油色”，适用于楼、门、扉、窗等，想省工时的人多用这种做法。

②一种有错色重圈者，盆、盂、碟、盒之类。皿底盒内，多不漆，皆坚木所车旋，盖南方所作，而今多效之，亦单油漆之类，故附于此：还有一些日常用品，如盆、盂、碟、盒等，都是用质地坚硬的木料车旋而成的。器皿的底部和内壁木料本色，不上油。因是车旋器皿，外部上油后，会透出深浅重圈的木纹。这原是南方漆工所做，现在效仿的多了，把它也归为“单油”一类的技法。

［解读］“单油”的油是加了催干剂的炼制过的熟桐油（见76）。“单油”技法的工艺特点，也是用油调腻子灰，填补木胎中的对缝、裂缝、木

节眼以及较大的凹陷处，底漆用的也是桐油。面漆有两种配方，一种是用油调颜料，成为不透明“油色”面漆；另一种是不加颜色的本色透明面漆。“单油”工艺做法、材料配制与“单漆”相似，只不过将漆换成油了。

155［黄文］黄明单漆，即黄底单漆也。透明鲜黄，光滑为良。又有单漆墨画者[①]。

［**杨注**］有一髹而成者，数泽而成者[②]。又画中或加金，或加朱[③]。又有揩光者，其面润滑，木理灿然，宜花堂之瓶桌也[④]。

［**注释**］

①黄明单漆，即黄底单漆也。透明鲜黄，光滑为良。又有单漆墨画者：在器物上打黄色的地子，上面罩透明漆，黄色地子透出来，漆面流平线好，光滑无颣点为优。还有一种在器物的黄色地上，用黑漆画花纹，然后罩上透明漆，黑漆花纹透过透明漆显现出来。

②有一髹而成者，数泽而成者：有的器物上，透明漆就是最后的一道面漆。但有的器物罩上透明漆干固后，还要进行研磨、推光、揩光（泽漆）工序。“揩光”工序要两至三道（见70）。

③又画中或加金，或加朱：在黄色漆地上加金色或朱色的花纹，然后罩上透明漆。

④又有揩光者，其面润滑，木理灿然，宜花堂之瓶桌也：瓶卓，堂屋中置放花瓶的桌案。这类家具上透明漆干固后，宜进行研磨、推光、揩光等工序。揩光后的漆面，透出木头的天然纹理，温润光亮。

［**解读**］“黄明单漆”技法有两种做法：1. 在黄色的漆地上罩一道透明面漆就可以了。但这道透明面漆要求做到两点：透明漆配料流平性好，漆液过滤干净无颣点；漆工刷漆技术高超，漆面无刷痕、无颣点。2. 在黄色的漆地上罩一道透明面漆，透明漆干固后，进行研磨、推光、揩光等工序。“黄明单漆”里用的透明漆如果要进行研磨、推光、揩光工序，透明漆里

的入油量不能超过20%。不要进行推光工序的透明漆入油量可以达35%—45%，以漆面24小时结膜不粘手为准。

156［黄文］罩朱单漆，即赤底单漆也，法同黄明单漆[1]**。**

［**杨注**］又有底后为描银，而如描金罩漆者[2]。

［**注释**］

①罩朱单漆，即赤底单漆也，法同黄明单漆："罩朱单漆"的做法是在器物上刷红色的地子，上面罩透明漆，地子的红色通过透明漆透出来。"罩朱单漆"和"黄明单漆"的做法一样，只是漆地的颜色不同。

②又有底后为描银，而如描金罩漆者：还有一种做法是在红色的漆地上，用银色漆来画花纹，然后罩上透明漆。银色纹样罩上透明漆后，呈金黄色，如同"描金罩漆"（见90）技法的效果。

［**解读**］"罩朱单漆"和"黄明单漆"的做法一样，只是漆地的颜色不同。在红色的漆地上罩上透明漆，红色的地子通过透明漆透出来，色泽红偏黄褐色，温润雅致。"罩朱单漆"还有一种做法是在红色的漆地上，用银色画花纹，然后罩上透明漆。具体做法是：在红色的漆地上用金底漆描画纹样，等金底漆面结膜但一定要有粘尾的最佳贴金时间贴上银箔，成为银色的花纹，银色的花纹罩上透明漆后，呈现出金黄色色泽。大漆透明漆的自带色泽是偏黄褐色，罩在银色的纹样上，银色便变为金色，含蓄润泽。

质法[1]第十七

［**杨注**］此门详质法名目，顺次而列于此，实足为法也。质乃器之骨肉，不可不坚实也。

［注释］

①"质法"，指漆器的底胎制作方法。漆器的制作分为两大部分，一是底胎的制作部分，一是漆器表体的纹饰部分。漆器底胎好比漆器的骨肉，是漆器制作的根本。底胎不坚固结实，漆面纹饰做得再好，也会因底胎的损坏而前功尽弃。这里根据漆器底胎制作的顺序，将制作的过程依次排列出来。

157［黄文］棬榛，一名胚胎，一名器骨[①]。方器有旋题者，合题者。圆器有屈木者，车旋者[②]。皆要平正、轻薄，否则布灰不厚。布灰不厚，则其器易败，且有露脉之病[③]。

［杨注］又有篾胎、藤胎、铜胎、锡胎、窑胎、冻子胎、布心纸胎、重布胎，各随其法也[④]。

邱晋明·脱胎漆器"孙女"

［注释］

①棬榛，一名胚胎，一名器骨：棬，曲木制成的器物。榛，器未饰也，通作素。棬榛指的是未上漆的木制坯胎。在漆器中出现最早、使用最广的坯胎是木胎。

②方器有旋题者，合题者。圆器有屈木者，车旋者：漆器的木胎有方形与圆形两种。方器有"旋题者""合题者"两种：1."旋题者"的做法是用手动旋刀旋出整块方形木胎的内膛，再用木工刀具修光出木胎内壁和内四角。这种做法适合制作方形小匣子之类的物件。2."合题者"的做法是将厚薄、长短一样的木板，用榫

卯相接的方式，制作方形、长方形的匣子、箱子一类的物件。圆器有“屈木者”“车旋者”两种：1.“屈木者”，用易于弯曲的木材加工成薄而长的木片，将木片弯成圆形的器物，再加胶粘缝合，另加盖和底，可做蒸笼、提篮等物件。2.“车旋者”（见1），是以旋床车旋成圆形木坯，如碗、碟、盘等。

③皆要平正、轻薄，否则布灰不厚。布灰不厚，则其器易败，且有露脉之病：漆器木质的坯胎无论方形还是圆形都要求平正、轻薄，这样的底胎漆灰才可以上厚且平整。漆灰若太薄，则易显露底胎木质纹理，破坏漆面的统一和谐的纹饰效果。所以漆器底胎的制作，漆灰的厚薄直接关系到漆器的坚固结实美观。

④又有篾胎、藤胎、铜胎、锡胎、窑胎、冻子胎、布心纸胎、重布胎，各随其法也：

篾胎，用竹子劈成丝条，编成漆器的坯胎。

藤胎，用藤皮劈成的丝条编成漆器的坯胎。

铜胎，用铜制作的漆器坯胎（见107）。

锡胎，用锡制作的漆器坯胎（见106、107）。

窑胎，用瓷制作的漆器坯胎（见107）。

冻子胎，用漆冻子料制作的漆器坯胎（见113）。

布心纸胎，用漆灰麻布定胎骨基本形状，面上再涂漆裱纸成型（见152）。

重布胎，即汉、唐以来称为的“夹纻”胎，夹纻制胎工艺就是用漆中夹多层麻布的方法制成漆器的坯胎，再将坯胎进一步加工成精致的漆器。“夹纻”胎的特点是坚固轻巧，面目清晰。

［**解读**］漆器的底胎除了木胎，还有篾胎、藤胎、铜胎、锡胎、窑胎、冻子胎、布心纸胎、重布胎等。不同的材料，各有不同的制作方法。

［**工艺史话**］

“夹纻”胎衍变发展的过程

夹纻制胎工艺源于战国，兴于两汉，在魏晋时期走向成熟。到唐代，由于佛教的盛行，工匠爱用夹纻制胎工艺制作坚固轻巧的佛像。坚固轻巧的佛像，又适应那时流行的“行佛”仪式，遂使制作佛像的夹纻工艺在盛唐时期发展到一个非常高的水平。唐代盛行的夹纻制胎工艺制作佛像，其工艺简单地说，就是先用泥土塑成佛像模型，在佛像模型上涂漆，裱上麻布，干固后，再涂漆，再裱上一层麻布。这样用漆和麻布逐层裱褙到一定厚度为止，干固后，把里面的泥土模型挖掉，余下的坯壳质地坚固轻巧、造型生动清晰，然后再对坯壳施以彩绘贴金等。因为麻布夹在漆灰中间，人们便称其为“夹纻”胎（重布胎）。

夹纻制胎工艺在唐代之后已日渐湮没，到了清代，福州的沈绍安发明了脱胎工艺，这才又全面恢复并发展了夹纻制胎工艺，使夹纻漆器继唐朝之后又出现了一个高峰。

沈绍安

据说，清乾隆年间，福州脱胎漆器创始人沈绍安有一次去城隍庙修匾额，见匾额表面的漆层因年代久了都褪色、剥落，但漆灰麻布的底骨还十分坚固，这给了他很大的启发。沈绍安请人用泥土捏塑观音菩萨、弥勒佛等，然后在泥像表层涂上生漆，裱上麻布，再上几道漆灰，漆灰干固后，从底部打一小孔泡入水中，水从小孔渗入，使泥模溶解成土浆从小孔泄出，剩下的漆布坯壳就成为底胎。这个底胎，质地坚固却又轻巧，造型生动一如泥模。由于其关键的工艺是脱去内胎而留下漆布坯壳作底胎，因而取名“脱胎”漆器。这就是沿用至今的“福州脱胎漆器”工艺名称的由来。后来脱胎漆器又改为“无底浸水脱胎法”，就是把脱胎器物底部入水的小孔改为无底，加大了入水的面积，又不影响漆器的外观，大大提高泥巴模型溶化的速度，缩短了产品制造的周期，同时还降低了制造成本。

随着市场需求的扩大，脱胎漆器的制作工艺一直在不断改进、提高。最初用“小孔浸水脱胎法”，后来改革为“无底浸水脱胎法”，再后来又发明了“聚散木模脱胎法”，即把木料雕成可以聚散的木模。木模可以重复使用，从而生产出许多统一定型的产品，如小型的花瓶、盘子、茶具、酒具、烟具等。其后又发明了“阴脱法”和“阳脱法”，一直沿用至今。福州漆器“脱胎”技法的几次变革，不但降低了成本，缩短了生产周期，还大大丰富了其艺术表现力。

由于“脱胎”工艺的进步，艺术风格多样化的脱胎漆器越来越多，传统的漆色彩已远远满足不了脱胎漆器表体的装饰要求，沈绍安第五代孙沈正镐、沈正恂兄弟又发明了把金箔、银箔研成粉末调透明漆，制成淡黄色

王维蕴·脱胎荷花瓶

或者银白色的浅色漆。然后将浅色漆和其他彩色漆掺混，便可以调出一系列浓淡不同、鲜艳明亮的色漆。在传统漆器常见的朱、黑、金、银色之外，漆色又出现了千变万化的富丽典雅的明快色彩。他们还创造了以手掌拇指球敷色料的具体操作技法，这种称为“薄料”的沈氏技法在中国漆艺的技法中是独一无二的，对传统的中国“金银彩绘”技法有了根本性的突破。今天的福州脱胎漆器，从广义上泛指福州所有的漆器，它继承了沈氏脱胎漆器的传统制作工艺，又有了新的拓展，仍以技艺的丰富和精湛而居国内领先地位。

沈正镐　沈忠英·提篮观音

［**工艺工序**］

福州脱胎漆器髹饰技法“阴脱法”的制作工艺工序

1. 在石膏阴模内均匀涂刷脱模剂（用细泥浆、肥皂水等配置），可刷两次。此法适应制作异形或大型器物，将模型分解为两片或数片，组合成型。阴模是凹下去的，可多次使用。

2. 用中灰和细灰各半（瓦灰或砖灰）调生漆，调成糊状，在阴模里，厚薄均匀涂刷一道，漆灰干固后，不打磨。

邱晋明·脱胎漆器“齐白石”

3. 照前配方再刷一道，漆灰干固后，不打磨。

4. 新麻布要用水浸泡脱浆，并捶打变软服帖，晾干的麻布根据器物形状剪成数片。

5. 生漆里调些面粉，成糊状，均匀地涂刷在麻布的正反两面，将麻布裱褙在阴模里，用刷子压实麻布的边角，特别是细部的边角要压实。麻布与麻布之间的接头要平整覆盖，器物的线条凹凸转折要压实清晰，入荫房待干。视器物的大小需要，可多层裱褙麻布。

6. 麻布干固后，全面刷漆一遍（黑推光漆和生漆各半调和）。

7. 干固 20 天后脱去模型，脱模有两种方法：①可用水浸泡，脱模剂遇水溶解，模型自动脱落。②先用木槌轻轻敲打麻布胎，用利刃剖剥开口，插入竹片移动分离，脱去模型。

郑益坤·脱胎鱼缸

脱胎漆器薄料花瓶

8. 脱模后的麻布胎合拢成型，用竹钉固定，用麻线缝合，接缝处背里整条都要用麻布条裱褙，并刷漆灰。

9. 干固后，拔去竹钉，用漆灰补平钉眼、缝隙和所有凹处。

10. 漆灰麻布坯胎上一道粗灰，干固后，干磨。

11. 上中灰，干磨。

12. 上细灰，水磨。

13. 糙漆（黑推光漆）。

14. 补敏（用细漆灰补凹陷处）。

15. 磨糙漆（水磨）。

16. 麹漆（黑推光漆）。

17. 磨麹漆。

18. 修理边角小毛病，底胎工序结束。

福州脱胎漆器髹饰技法“阳脱法”的制作工艺工序

1. 在石膏模型上均匀涂刷脱模剂，可刷两次。石膏阳模是一个完整的立体模型，是一次性模型。与阴模相比，虽省去了合拢、缝合、修整等工序，但因是一次性模型，却多了翻做模型这一道工序。阳脱法只适应于圆形器物。

2. 新麻布要用水浸泡脱浆并捶打变软服帖，晾干的麻布根据器物形状剪成数片。

3. 生漆里调些面粉，成糊状，均匀地涂刷在麻布的正反两面，将麻布裱褙在阳模上，用刷子压实麻布的边角，特别是细部的边角要压实。麻布与麻布之间的接头要平整覆盖，器物的线条凹凸转折要压实清晰，入荫房待干。视器物的大小需要，可多层裱褙麻布。

4. 干固后，全面刷漆一遍（黑推光漆和生漆各半调和）。

5. 干固 20 天后，用木槌轻轻打掉石膏内胎，留下漆灰麻布的坯胎。

林廷群 • 脱胎瓜式茶具

6. 坯胎上粗灰，干固后，干磨。

7. 上中灰，干磨。

8. 上细灰，水磨。

9. 糙漆（黑推光漆）。

10. 补敏（用细漆灰补凹陷处）。

11. 磨糙漆（水磨）。

12. 麭漆（黑推光漆）。

13. 磨麭漆。

14.修理边角小毛病，底胎工序结束。

福州脱胎漆器髹饰技法“薄料”的工艺工序和漆料配置

一、工艺工序

1.凡“薄料”髹饰的漆器地底都要求研磨的麭漆漆面平滑、光洁、无

沈正镐·薄料描金彩漆牡丹长颈瓶

陈国良·脱胎仿铜狮子

油迹污迹、无凹点。要求操作场所绝对无尘，要求操作工技艺熟练。

2.漆器的漆地用清水清洗干净，用无布绒的干净丝布擦干，漆地上不能留有水渍、布绒。

3.用手掌的拇指球蘸漆料，均匀拍敷漆地，然后用极柔顺的漆刷刷刃刷去手纹。制作“薄料”专用的漆刷的发质要求韧而柔顺，十岁以下的小孩头发为好。

二、漆料配制

1.将金箔、银箔研磨成粉（见2）。

2.将金粉、银粉各与广油调成泥状碾细融为一体。

3.将颜料与广油调成泥状碾细成“色脑”。

4.红推光漆65%（要求漆面3小时左右结膜快干的红推光漆）、广油35%，充分搅拌静置三四天。

5.先将透明漆料与“色脑”调合成设定的色漆，再将碾细的“金泥”或“银泥”入色漆，调成所需的色彩。

6.精细过滤两遍。

林廷群·脱胎南瓜盒

158［黄文］合缝，两板相合，或面旁底足合为全器，皆用法漆而加捎当①。

［**杨注**］合缝粘者，皆匾绦缚定，以木楔令紧，合齐成器，待干而捎当焉。

［**注释**］

①合缝，两板相合，或面旁底足合为全器，皆用法漆而加捎当：合缝，是方形木胎组合成型的工序。将一定规格的木板对接，涂上胶水，拼合成形后，用扁绦捆扎好，再将一头薄、一头厚的木楔，插进扁绦里，起不变形加强固定的作用。干固成全器后，撤去扁绦和木楔，再进行法漆（见26）、捎当（见159）工序。

［**解读**］合缝工序的要点是木板对接口的胶水要涂得全面均匀，粘合成形后，绳子要扎牢，木楔要插紧，保证木胎坯子不走形，紧密相粘、坚固结实。

福州木胎漆器合缝用的胶水过去都是用生漆调面粉，俗称“生漆面”，粘度好，不怕水，现在大都用白乳胶或其他胶水。

159［黄文］捎当，凡器物先剗缝会之处，而法漆嵌之，及通体生漆刷之，候干，胎骨始固，而加布漆①。

［**杨注**］器面窳缺、节眼等深者，法漆中加木屑斮絮嵌之②。

［**注释**］

①捎当，凡器物先剗缝会之处，而法漆嵌之，及通体生漆刷之，候干，胎骨始固，而加布漆：捎当，是制作木胎漆器地底的第一道工序。用刀将木胎上的裂缝刻镂成上大下小成八字样的缝沟；剔除木胎上的朽木、松动的节眼及木胎坯上接缝处溢出的粘胶物；用粗漆灰补平胎坯上的缝沟及所有凹下的部位 ，一次填补不平，可多次填，直至平整为止；填补漆灰干固后，用砂纸擦磨（干磨），然后通体刷一道封

闭漆，再进行下一道布漆工序。

②器面窳缺、节眼等深者，法漆中加木屑斮絮嵌之：窳缺指木胎坯子上的朽木凹陷处，以及树节眼等较大的深洞，在漆灰中拌一些切细的木屑或棉絮填补，可增加这些凹陷处与整体胚胎相连的坚固度。

［**解读**］捎当是处理填补木胎上所有的裂缝、朽木、节眼等。每一次的填补漆灰都要干固，每一次都要放置三四天后才能接下去做其他的工序。漆灰干固的作用是漆面以后不会塌显填补的痕迹。

木胎漆器“捎当”工序后，要全面刷一道封闭漆。这道封闭漆很重要，外界的水气进不了木质胎骨，木质胎骨热胀冷缩相对就稳定了。封闭漆的配料很重要，溶剂不能超过30%，否则不起封闭作用了，一般是生漆70%、松节油30%（松节油类溶剂）。

160［黄文］布漆。捎当后用法漆衣麻布，以令麴面无露脉，且棱角缝合之处，不易解脱，而加垸漆[①]。

［**杨注**］古有用革韦衣，后世以布代皮。近俗有以麻筋及厚纸代布，制度渐失矣[②]。

［**注释**］

①布漆。捎当后用法漆衣麻布，以令麴面无露脉，且棱角缝合之处，不易解脱，而加垸漆：布漆就是在木胎上裱褙麻布。裱褙麻布的目的是为了使底胎更为坚固，也为了防止成品后的漆面显现出木胎的木纹和棱角缝合之处的龟裂缝。底胎裱褙工序干透后，才能进行下一道的上漆灰工序。

②古有用革韦衣，后世以布代皮，近俗有以麻筋及厚纸代布，制度渐失矣：古代有用皮革当裹衣的材料，后世人用罗布替代皮革，近来民间有用麻布和厚纸代替罗布的，古时的制作方法渐渐消失。这里的“裹衣”与“布漆”是不一样的工序，是杨明说到布漆这道工序时，顺带说到“裹衣”这一技法。

[**解读**]布漆就是在木胎上裱褙麻布，现工艺工序名称为“褙布”。“褙布”的目的是加强胚胎的坚固程度，防止漆器成品后出现木纹塌陷和棱角缝合之处龟裂的毛病。

161 [黄文] 垸漆，一名灰漆。用角灰、磁屑为上，骨灰、蛤灰次之，砖灰坯屑、砥灰为下[①]。皆筛过分粗、中、细，而次第布之如左。灰毕而加糙漆[②]。

[**杨注**]用坯屑、枯炭末，加以厚糊、猪血、藕泥、胶汁等者，今贱工所为，何足用[③]？又有鳗水者，胜之。鳗水，即灰膏子也[④]。

[**注释**]

①垸漆，一名灰漆。用角灰、磁屑为上，骨灰、蛤灰次之，砖坯灰屑、砥灰为下：垸漆即底胎上漆灰工序。用生漆调灰，一般分为粗、中、细三道漆灰。灰中角粉、磁粉最好，骨粉、蛤粉次些，砖瓦粉、石粉为末等。

②皆筛过分粗、中、细，而次第布之如左。灰毕而加糙漆：所有品种的灰都要用不同型号的筛子，分出粗、中、细三种。底胎裱褙工序干固后按照粗灰、中灰、细灰顺序而做，漆灰工序结束后就可以上“糙漆”这道工序。

③用坯屑、枯炭末，加以厚糊、猪血、藕泥、胶汁等者，今贱工所为，何足用：底胎漆灰材料只用未烧的砖瓦坯粉末、炭粉与稠浆糊、猪血、藕泥、胶汁等调合为漆灰的，都是劣质的材料，不能作为漆灰来使用。

④又有鳗水者，胜之。鳗水，即灰膏子也：鳗水即熟桐油（见76）调砖瓦灰做的漆灰，也称“灰膏子”，比稠浆糊、猪血、藕泥、胶汁调和做的漆灰质量好。

[**黄文**]第一次粗灰漆[①]：

［**杨注**］要薄而密。

［**注释**］

①第一次粗灰漆：底胎麻布裱褙干固后上的第一道粗灰漆。生漆调粗灰，薄而均匀通体刮一遍。粗灰工序做完要放置 10 天，灰层干透干固，不沾水干磨。

［**黄文**］第二次中灰漆[①]：

［**杨注**］要厚而均。

［**注释**］

①第二道中灰漆，生漆调中灰（中灰颗粒介于细灰和粗灰之间），要厚而均匀地刮一遍。

［**黄文**］第三次作起棱角，补平窳缺[①]：

［**杨注**］共用中灰为善，故在第三次。

［**注释**］

①第三次中作起棱角，补平窳缺：用中灰漆刷上所有的棱角、线条，补平凹陷的地方。中漆灰工序做完要放置 7 天，灰层干透干固，不沾水，干磨。

［**黄文**］第四次细灰漆[①]：

［**杨注**］要厚薄之间。

［注释］

①第四次细灰漆：生漆调细灰，通体（包括线条）不厚不薄地均匀上一道细灰，这是第三道的细灰工序。放置三天后干透，水磨。

［黄文］第五次起线缘[①]。

［杨注］蜃窗边棱为线缘或界绒者，于细灰磨了后，有以起线挑堆起者，有以法灰漆为缕黏络者[②]。

［注释］

①第五次起线缘：指细灰水磨后，用漆灰或漆冻为材料在蜃窗边缘的髹饰。

②蜃窗边棱为线缘或界绒者，于细灰磨了后，有以起线挑堆起者，有以法灰漆为缕黏络者：蜃窗，古代用透明的贝壳镶嵌在窗上代替玻璃，称为“蜃窗”。细漆灰水磨工序后，用细漆灰围绕蜃窗堆起窗框，或者用漆冻（见26）搓成线条，沾粘盘绕在蜃窗四周为界线。

［解读］“垸漆”是漆器底胎上的“漆灰”工序。底胎麻布裱褙干固后，就可以上“漆灰”工序。“漆灰”一般分为粗灰、中灰、细灰三道。粗灰因灰颗粒大，漆灰本身就厚，故刮漆灰时要薄而均匀，不能太厚，否则不易干固。中漆灰要厚而均匀，才能全面覆盖住粗漆灰及粗漆灰间的空隙，经得起打磨。细漆灰不厚不薄，进一步刮平底胎的灰面。细漆灰要求水磨，水磨的目的是要求漆面更为平滑。水磨后如果发现凹陷和破损的地方，要及时修补后才上“糙漆”工序。粗灰、中灰、细灰各工序之间的停隔待干时间一定要严格按照规定的时间操作，否则日后麭漆面会显现麻布裱褙的痕迹，影响漆器的整体髹饰效果。褙布待干时间为20天。粗漆灰待干时间为20天，中漆灰待干时间为10天，细漆灰待干时间为5天。漆灰的材料用生漆和砖瓦灰粉，不能用其他材料替代，否则只能做出偷工减料的劣质漆器。

162［**黄文**］糙漆，以之实垸，腠滑灰面，其法如左。糙毕而加麹漆为纹饰，器全成焉[①]。

［**注释**］

①糙漆，以之实垸，腠滑灰面，其法如左。糙毕而加麹漆为纹饰，器全成焉：腠，原指皮肤的纹理，这里指糙漆像给漆的灰地蒙上一层光滑的皮肤。细漆灰水磨完毕，晾干，上第一道黑推光漆，称为“糙漆”工序，糙漆后再刷一道薄薄的黑推光漆，称为“生漆糙”，也称“中漆”。“中漆”后刷最后一道稍厚的黑推光漆，称为“麹漆”。麹漆水磨后，漆器的地底制作工序就全部结束了，漆地上就可以进行表体的纹样髹饰。表体的纹样髹饰完毕，一件漆器的制作就完成了。

［**黄文**］第一次灰糙：

［**杨注**］要良厚而磨宜正平[①]。

［**注释**］

①要良厚而磨宜正平：细漆灰水磨后，上第一道黑推光漆，称为糙漆。糙漆的漆料是由精制黑推光漆70%、松节油类溶剂30%调和而成。漆层要稍厚，才能达到漆面研磨后平滑不燥。

［**黄文**］第二次生漆糙[①]：

［**杨注**］要薄而均。

［**注释**］

①第二次生漆糙：第一道“糙漆”干透后，用漆灰填补漆面小的凹陷处，水

磨完毕，再上第二道“中漆”。第二道“中漆”配方是黑推光漆50%、生漆20%、松节油30%。漆层可以稍薄一些，但要均匀，全面滋润。

［**黄文**］第三次煎糙[①]：

［**杨注**］要不为皱皵[②]。右三糙者古法，而髹琴必用之[③]。今造器皿者，一次用生漆糙，二次用曜糙而止[④]。又有赤糙、黄糙[⑤]，又细灰后以生漆擦之，代一次糙者，肉愈薄也[⑥]。

［**注释**］

①第三次煎糙：煎糙指曝晒过的精制的黑推光漆。第三道面漆也称“麭漆”工序，要用精制的黑推光漆，漆面才能肥厚。

②要不为皱皵：防止漆皱要做到两点。一是要用漆面结膜快干4小时左右的黑推光漆，漆干得太快，容易起皱。漆料由黑推光漆90%、松节油类溶剂10%调和而成。二是漆工刷漆技术要好，漆刷要柔顺强劲，漆液要刷得厚薄均匀，不可太厚。这道黑推光漆也可以进行研磨、推光、揩光等工序。

③右三糙者古法，而髹琴必用之：以上所说的漆器漆灰工序结束后的灰糙、生漆糙、煎糙三次的面漆工序是古代流传下来的漆器制作方法，也是制琴的髹漆方法。

④今造器皿者，一次用生漆糙，二次用曜糙而止：现在制作漆器，只刷两道面漆就算好的。

⑤又有赤糙、黄糙：也有用红的色漆或黄的色漆作为“糙漆”的漆料。

⑥又细灰后以生漆擦之，代一次糙者，肉愈薄也：肉，指漆层。细灰磨后，用生漆擦，代替一道糙漆。生漆是擦，不是刷，故漆层薄燥、瘦涩。

［**解读**］漆器地底的漆灰工序结束后，要上三道面漆。第一道“糙漆”稍厚，因灰底燥，吸漆自然而然就多，糙漆干固后，用细漆灰填补漆面凹陷不平之处，然后水磨，要求平整光滑。第二道“中漆”可以稍薄些，再

一次检查修补，再水磨。第三道 “麴漆”要厚而均匀。面漆要求漆的流平性好，不可入油太多。刷漆要求无漆皱、无漆坠。以上面漆刷完都要干透干固，三四天后打磨为好。

［**工艺工序**］

福州脱胎漆器髹饰技法 “木胎地底”的工艺工序

1. 修胶勒瑞。用刀修去溢出木胎边角的胶水，挖去臭木，并木头裂缝处挖一条下窄上宽的槽。

2. 刮瑞，擦瑞。“刮瑞”是用生漆调粗灰，用角锹补平木胎面上的所有凹陷、裂缝的槽、木件黏合接缝处。一次不平，再次用中漆灰补平。木胎裂缝处还要做个记号，要裱布。“擦瑞”是“刮瑞”的漆灰干固后，用布砂纸干磨，将修补处磨平。

3. 上封闭漆。木胎全面刷一道封闭漆。封闭漆的配方是生漆 70%、松节油类溶剂 30%。封闭漆的作用是封固木坯的底胎，不让水汽进去，故生漆里的油剂含量不可超过 30%，否则就失去“封固”的作用。

4. 褙布。凡是木件黏合接缝处及木胎裂缝处均用漆刷将“生漆面”均匀涂刷打底，敷上绸布条，再用漆刷压实压平，绸布条上刷一道生漆，吃透即可，不要厚。

5. 干固后，用细砂纸稍微擦磨即可。

6. 平面第一道粗灰，不要太厚。用生漆调粗的砖瓦灰，工具是“灰板”，“灰板”的制作材料有薄木板、塑料板、钢板。

7. 用粗砂纸、干磨。

8. 平面第二道中灰，所有线条上第一道漆灰。用生漆调“中灰”，“中灰”的颗粒介于粗灰和细灰之间。刮平面漆灰的工具是“灰板”，线条和边缘部分用的工具是“漆刷”。

9. 用粗砂纸干磨。

10. 平面第三道细灰，所有线条上第二道漆灰，稍厚一些。用生漆调细灰。

11. 整体水磨。用 300 号水砂纸包着木块磨，磨平为要。

12. 平面铲敏。用生漆调细灰成糊状，在水磨后的细漆灰面上薄薄刮一道。工具是角锹。此道工序的目的是将漆灰面上的细小的毛孔填平，使漆灰面更加光滑无孔。

13. 磨敏（用 400 号水砂纸水磨）。

14. 整体糙漆。“糙漆”的漆料配方是黑推光漆 70%、松节油类溶剂 30%。要求漆面 4 小时左右结膜快干的黑推光漆。“糙漆”漆层要稍厚，才能达到漆面研磨后平滑不燥。工具是漆刷。

15. 补敏，磨敏。“糙漆”干透后，用细漆灰补漆面小的凹陷处称作“补敏”，然后用 400 号水砂纸水磨平整，称为“磨敏”。

16. 第二道“中漆”。第二道“中漆”配方是黑推光漆 50%、生漆 20%、松节油 30%。漆层薄而均匀，全面滋润。工具是漆刷。

17. 磨中漆。干固后，用 600 号水砂纸水磨。

18. 第三道黑推光漆。第三道“黑推光漆”配方是黑推光漆 90%、松节油 10%。要求漆面 4 小时左右结膜快干的黑推光漆。

19. 磨模。“模”指福州漆工俗语，指将黑推光漆面的刷痕、尘点磨掉。此道漆面研磨后，可以进一步进行推光、揩光工序。

20. 补乌。乌烟加一点松节油碾细成泥状，和生漆调和为“乌漆”。棉球蘸“乌漆”，将在水磨工序中破损的漆器边缘线条抹黑。

163［黄文］漆际，素器贮水，书匣防湿等用之[①]。

［杨注］今市上所售器，漆际者多不和蔪絮，唯垸际漆界者，易解脱也[②]。

［注释］

①漆际，素器贮水，书匣防湿等用之：“漆际”就是在木胎器皿的棱角接缝

处及接口的边沿刷上漆，用部分刷漆的方法来保护这些容器易损坏的部位。“素器贮水”指没有上漆的贮水的木胎器物以及木制的书匣等为了防止吸水潮湿而龟裂，也通体刷上一道封闭漆，达到延长使用寿命的目的。

②今市上所售器，漆际者多不和斮絮，唯垸际漆界者，易解脱也：现在市面上所出售的漆际的器物，器面的棱角缝合之处，大多没有采用在漆灰里掺入切碎的棉絮进行填补黏合的做法，只在木胎的棱角缝合处及接口的边沿用漆液刷一道，所以器物就容易散脱。

[**解读**]“漆际”的做法是，只在木胎器皿的棱角缝合处和口的边沿等这些容易损坏的部位，涂上漆液来保护。

尚古[1]第十八

[**杨注**]一篇之大尾。名尚古者，盖黄氏之意在于斯。故此书总论成饰，而不载造法，所以温故而知新也[2]。

[**注释**]

①尚古：崇尚古代漆艺技法的髹饰，表明了本书作者对中国传统漆艺的态度。

②一篇之大尾。名尚古者，盖黄氏之意在于斯。故此书总论成饰，而不载造法，所以温故而知新也：本书的最后一章为“尚古”。本章将古漆器的断纹、修复、仿制等技法都列在此章。杨明注：《髹饰录》一书着重论述漆器的装饰技法，没有记录漆器髹饰技法的具体工艺流程和漆料的配方，目的在于让后世的漆工知道传统的漆艺技法，并以此为参考，在旧法的基础上有所创新，这是作者黄成编书的意图。

164［**黄文**］**断纹，髹器历年愈久而断纹愈生，是出于人工而成于天工者也[1]。古琴有梅花断，有则宝之[2]；有蛇腹断次之[3]；有牛毛**

断又次之④。他器多牛毛断⑤。又有冰裂断、龟纹断、乱丝断、荷叶断、縠纹断⑥。凡揩光牢固者多疏断，稀漆脆虚者多细断，且易浮起，不足珍赏焉⑦。

［**杨注**］又有诸断交出，或一旁生彼，一旁生是，或每面为众断者，天工苟不可穷也⑧。

［**注释**］

①断纹，髹器历年愈久而断纹愈生，是出于人工而成于天工者也：漆器面上因年代久远而出现的裂纹，主要是由于漆层随着漆胎的不断涨缩而产生的自然天成的纹样。这些断纹不但能标志漆器髹饰的年代，还被古玩鉴赏家特别是古琴家青睐，视断纹漆器为珍贵之物。

②古琴有梅花断，有则宝之：“梅花断”是古琴断纹的一种，指琴面上圆形、攒簇如梅花瓣的裂纹。这种断纹自然天成，人力所不能为，最为难得，最为宝贵。

③有蛇腹断次之：指长条而平行的如蛇腹部纹样的断纹，与梅花形的断纹相比会差一些。

④有牛毛断又次之：指细密如牛毛的断纹，与蛇腹断纹相比又差了一个层次。

⑤他器多牛毛断：牛毛断纹不限于古琴，一般漆器上也会有牛毛断纹。

⑥又有冰裂断、龟纹断、乱丝断、荷叶断、縠纹断：漆面上还会出现冰裂断纹、龟纹断纹、乱丝断纹、荷叶断纹、縠纹断纹等，各种裂纹都依照其形似而得名。

⑦凡揩光牢固者多疏断，稀漆脆虚者多细断，且易浮起，不足珍赏焉：凡是漆面加以揩光的漆器，因其漆膜坚固，断纹都比较稀疏。反之，用替代材料制作的虚而不实的漆灰地、稀而薄漆层的漆面，因其附着力不强而经常出现的细密纹样，并容易整片浮起脱落的漆器，不足以列入珍赏的断纹漆器。

⑧又有诸断交出，或一旁生彼，一旁生是，或每面为众断者，天工苟不可穷也：一件器物上，几种不同的断纹交替出现，或一种断纹旁边生出另一种断纹，或一种断纹旁又生出同样的断纹，或漆器的同一面有多种多样的断纹，可见自然天工的造化是不可穷尽的。

[解读] 断纹是漆器面上因年代久远而产生的裂纹。断纹的形成，主要是由于漆层随着漆胎的不断涨缩而产生自然天成的纹样，故有“出于人工而成于天工者”一说。这些断纹得到古玩鉴赏家特别是古琴家们的青睐。这种因年代久远而出现的裂纹漆器，与偷工减料而出现的裂纹漆器有着本质上的不同。前者可收藏珍赏，后者则可弃之。

[工艺工序]

福州脱胎漆器髹饰技法“断纹”的工艺工序

1.在底胎上刷上一道较厚的黑推光漆或色漆。漆面要求快干时间为四小时，如果干得太快，漆层就不能刷厚，龟裂效果不好。

2.面漆稍微结膜，不沾刷时，用羊毛软刷沾樟脑油在面漆上刷过，因为樟脑油可以加速漆的结膜快干速度，从而产生龟裂纹样。

3.置放荫房待干，干透、干固。

4.根据需要可贴金（铝粉），可填色（薄），上透明漆、研磨、推光、揩光。

此“断纹”是漆器的一种装饰技法，断纹的纹样是面漆在漆器地底上形成的，没有影响到灰底，与因年代久远而出现的漆器裂纹截然不同。

165 [黄文] 补缀，补古器之缺，剥击痕尤难焉！漆之新古，色之明暗，相当为妙[①]。又修缀失其缺片者，随其痕而上画云气，黑髹以赤、朱漆以黄之类，如此五色金钿，互异其色，而不掩痕迹，却有雅趣也[②]。

[杨注] 补缀古器，令缝痕不觉者，可巧手以继拙作，不可庸工以当

精制，此以其难可知[3]。又补处为云气者，盖好事家效祭器画云气者作之。今玩赏家呼之曰“云缀”[4]。

［**注释**］

①补缀，补古器之缺，剥击痕尤难焉！漆之新古，色之明暗，相当为妙：补缀，指修补破损的古漆器。古旧的漆器剥落破损的地方尤其难以修复。髹漆的新与旧，漆色的明与暗都要与旧器相似，这样的效果才是修旧如旧的标准。

②又修缀失其缺片者，随其痕而上画云气，黑髹以赤、朱漆以黄之类，如此五色金钿，互异其色，而不掩痕迹，却有雅趣也：古漆器的修补中，有的漆器上破损缺口处的痕迹难以恢复原样，可以在缺痕上随痕迹画上云气纹样。黑色的漆地上画上红色，朱色的漆地上画上黄色，如此类推，五彩金钿，色彩各异，虽不能掩盖破损痕迹，却也充满雅趣。这一修补方法如现代的漆艺“金缮”技法。

③补缀古器，令缝痕不觉者，可巧手以继拙作，不可庸工以当精制，此以其难可知：修补破损的古漆器，达到修旧如旧的高标准。作者强调，可以让经验丰富、技术高超的漆工来修补一般的器物，不可让漆艺技术一般的漆工来修补精制的古漆器。这就可以看出修复古漆器的不易。

④又补处为云气者，盖好事家效祭器画云气者作之。今玩赏家呼之曰“云缀”：今天玩赏家们称之为“云缀”的这种修补方法，是在原器痕迹之处，故意用与原器不一样颜色的色漆画上云纹。这种云纹，源于喜欢修补漆器的人模仿古代祭祀用的漆器上的云气纹样而作。

［**解读**］补缀，指修补破损的古漆器。修补破损古漆器的最高标准是修旧如旧。漆器修旧如旧十分不易，故要求经验丰富、技术高超的漆工来修复。技术高超的人可以去修复一般的器物，但一般的漆工万万不可来修补精制的古漆器，否则，既达不到修旧如旧的目的，又毁了原器的神韵。

166［**黄文**］仿效，模拟历代古器及宋、元名匠所造，或诸夷倭制等者，以其不易得，为好古之士备玩赏耳，非为卖骨董者之欺人贪价者作也[①]。凡仿效之所巧，不必要形似，唯得古人之巧趣，与土风之所以然为主。然后考历岁之远近，而设骨剥、断纹及去油漆之气也[②]。

［杨注］要文饰全不异本器，则须印模后，熟视而施色[③]。如雕镂识款，则蜡墨干打之，依纸背而印模，俱不失毫厘[④]。然而有款者模之，则当款旁复加一款曰："某姓名仿造"[⑤]。

［注释］

①仿效，模拟历代古器及宋、元名匠所造，或诸夷倭制等者，以其不易得，为好古之士备玩赏耳，非为卖骨董者之欺人贪价者作也：模仿复制历代的古漆器以及宋代、元朝名匠的作品，还有邻国制造的漆器，因为这些漆器不易得到，仿制出来，只作为喜欢古物人士的玩赏之物，不是为了某些古董商人牟利欺人而做。

②凡仿效之所巧，不必要形似，唯得古人之巧趣，与土风之所以然为主。然后考历岁之远近，而设骨剥、断纹及去油漆之气也：凡是仿制逼真的漆器作品，不必要一味追求外形的相似，重要的是考证古漆器的年代，探求古人的情趣和异国民族乡土风俗以及当时流行的漆艺技法。然后根据其年代的远近，去除髹漆的新气，人工做出器骨的剥落痕迹和漆面断纹，可以以假乱真。

③要文饰全不异本器，则须印模后，熟视而施色：要仿制与原漆器一样的纹饰，则需要把原器纹样印模下来复制。色漆则要在试板上先试出与原器相似的色相，再画上为好。

④如雕镂识款，则蜡墨干打之，依纸背而印模，俱不失毫厘：如果是镂刻落款，则要用蜡或墨干拓原款，按拓片模刻款识，可以达到与原款相同，不失毫厘的效果。

⑤然而有款者模之，则当款旁复加一款曰："某姓名仿造"：仿制有款的漆器，要在落款旁再加一条款识，注明"某姓名仿造"为好。

［解读］"仿效"，即模仿复制历代的古漆器，以及邻国如日本等国制造的漆器。这些漆器的仿制，只作为喜欢古物人士的玩赏之物，不是为谋利欺人而做。黄成提出仿制漆器作品，不要一味追求外形的相似，重要

的是探求古人的神趣；模仿外国作品，要注意民族风格。杨明还认为要在仿制有款的漆器旁，再加一条款识，注明“某姓名仿造”，表明了他们诚实严肃的从艺精神。

福州脱胎漆器“仿古”技法有仿铜、仿陶等。以仿铜为例：先在漆地上贴好预制的纹饰，刷上古铜色漆，古铜色漆漆面结膜但一定要有粘尾的最佳时间，用刷子沾细瓦灰或香灰轻扫之上，使其失去光泽。干后，再用不同深浅的古铜色刷，衬出阴阳面即可。

附录

畸人夙慧，余事多能，心手调和，遂成绝诣。

福州脱胎漆器髹饰技法工艺工序目录

福州脱胎漆器髹饰技法漆料配制目录

福州脱胎漆器部分漆材料与工具的制作

材　料

1. 福州脱胎漆器“细砖瓦灰”的制作（见 30）

2. 福州“红推光漆”的精制工艺（见 33）

3. 福州“黑推光漆”的精制工艺（见 33）

4. 福州“透明漆”的精制工艺（见 33）

5. 福州桐油的炼制工艺（加催干剂）（见 76）

6. 福州入漆的广油、明油的炼制（见 76）

7. 福州脱胎漆器髹饰技法的材料“干色漆粉”的制作工艺（见 91）

8. 福州脱胎漆器髹饰技法“印锦”的磨具制作方法（见 113）

9. 猪血灰的制作方法（见 117）

10. 胶灰的制作方法（见 117）

工　具

1. 福州头发漆刷的制作（见 13）

2. 福州脱胎漆器工具“牛角锹”的修理方法（见 20）

3. 福州脱胎漆器彩绘画笔“鼠毛笔”的制作（见 21）

4. 福州贮放漆液的“木桶”的加工（见 24）

王世襄《髹饰录解说》前言

一

漆器制造和漆工艺术是中国、日本、朝鲜及东南亚诸国，长期以来在相互交流影响下共同发展起来的。由于漆器坚实轻便，耐热耐酸，抗潮防腐，又可施加花纹装饰，故具备实用、经济、美观等特点。它种类繁多，用途甚广，在人民生活中不可或缺。

我国用漆有悠久历史，其始远在原始社会时期。殷商遗址多次发现有描绘乃至雕嵌的漆器残件。在此之前，肯定还经历了一个发展时期。几千年来，劳动人民积累了丰富的漆工经验，并曾加以总结。第一部见于著录的专书是五代朱遵度的《漆经》（见《宋史·艺文志》），惜早已失传。现在能看到的古代专著，明黄成的《髹饰录》要算是仅存的一部了。“髹饰”一词最早见于《周礼》。古代用漆漆物曰“髹”，“饰”有文饰之意。前人或言漆工，或言漆器，常用这两个字来概括。故书名《髹饰录》，即“关于漆工及漆器的记录”而已。

黄成，号大成，新安平沙人，是隆庆（1567—1572 年）前后的一位名漆工。他的著作总结了前人和他自己的经验，较全面地叙述了有关髹饰的各个方面。此书在天启五年（1625 年）又经嘉兴西塘的杨明（号清仲）为它逐条加注，并撰写了序言。西塘又名斜塘，是元、明两朝制漆名家彭君宝、张成、杨茂、张德刚的家乡。杨明可能是杨茂的后裔，也精通漆工技法。《髹饰录》经过杨明的注释，内容就更加翔实了。

《髹饰录》虽是我国现存唯一的古代漆工专著，但三四百年来只有一部抄本保存在日本。直到 1927 年才经朱启钤先生刊刻行世（图一）。关于它的流传及出版经过，见朱启钤先生的《髹饰录弁言》。

二

《髹饰录》分乾、坤两集，共十八章，一百八十六条。这里试用表格来说明此书的主要内容：

《髹饰录》内容简表

集别	章名	条数	内容	内容归纳
乾集	（乾集序）*	1	总论制造方法	制造方法
	利用第一	40	漆工的原料、工具及设备	
	楷法第二	31	各种漆工容易发生的毛病及之所以发生毛病的原因	
坤集	（坤集序）	1	总论漆器分类	
	质色第三	9	单纯一色不加文饰的各种漆器	分类叙述各种漆器
	纹匏第四	5	表面有不平细纹的各种漆器	
	罩明第五	5	打色地上面罩透明漆的各种漆器	
	描饰第六	6	用漆或油描花纹的各种漆器	
	填嵌第七	8	填漆、嵌螺钿、嵌金、嵌银的各种漆器	
	阳识第八	6	用漆堆出花纹的各种漆器	
	堆起第九	4	用漆灰堆出花纹上面再加雕刻描绘的各种漆器	
	雕镂第十	13	雕漆、雕螺钿的各种漆器	
	铃划第十一	3	刻划细花纹再填金、填银或填色的各种漆器	
	编斓第十二	20	两种或两种以上的文饰相结合的各种漆器	
	复饰第十三	6	某种漆地与一种或一种以上的文饰相结合的各种漆器	
	纹间第十四	7	填漆类中的某种做法与铃划类中的某种做法相结合的各种漆器	
	裹衣第十五	4	胎骨上面不上灰漆而用皮或织品蒙裹的各种漆器	
	单素第十六	5	简易速成，只上一道漆的各种漆器	
	质法第十七	8	漆器的基本制造过程	制造方法
	尚古第十八	4	修补及摹仿旧漆器	
共计	18 章	186 条		

* 括号中的名称为原书所无，作者所加。

从上表可以看出《髹饰录》的内容分两大类：第一、第二、第十七、第十八等章讲制造方法；第三章至第十六章讲漆器的分类及各类中的不同品种。有时也因叙述品种而涉及它们的做法。

三

《髹饰录》是一部有价值而应当受到重视的古籍。据目前的认识，其价值在于：

（一）使我们认识到祖国漆工艺的丰富多彩

我国漆工艺，由于社会经济的发展，到明代又出现了一个新的兴盛时期，比之宋元两朝，不仅扩大了产量，还增添了许多新品种。杨明就指出了这一点。他说："今之工法，以唐为古格，以宋元为通法。又出国朝厂工之始，制者殊多，是为新式。于此千文万华，纷然不可胜识矣。"（见《髹饰录序》）我们试看一下《髹饰录·坤集》，"质色"至"铯划"各门，名色已甚繁多，而"煸斓""复饰""纹间"三类，更使人有千文万华之感。这三类中的每一品种，都是由两种或更多的做法结合而成的。多种做法的相互配合，或由文质的变换，或由装饰的损益，遂使花色翻新，形态迭异。因而即使用图表来排列各种名色，也因变化繁多，难以备举。

我们去博物馆或工艺美术展览参观漆器，品种纷呈，文饰夺目，往往使人赞叹不已。倘进而再读一读《髹饰录》，会发现一般博物馆及展览会所陈列的，还只不过是传统品种的一小部分。这就更加认识到我国传统漆器丰富多彩到何等程度！前代工匠的勤劳智慧，创造了精神和物质财富，美化了生活，为人类作出了贡献，使我们振奋自豪，不由地受到了爱国主义的教育。

（二）《髹饰录》是研究漆工史的重要文献

研究明代漆工艺，《髹饰录》的重要性是无可比拟的，就是探索更早的漆工史，也有重大的参考价值。例如关于剔红，黄成说："唐制多印板刻平锦朱色，雕法古拙可赏；复有陷地黄锦者。宋元之制，藏锋清楚，隐起圆滑，纤细精致。"杨明也说唐代的剔红"刀法快利，非后人所能及，

陷地黄锦者，其锦多似细钩云，与宋元以来之剔法大异也”。由于唐代剔红现在还缺少实例，两家的描述就为我们提供了宝贵的材料。又如螺钿条中讲到“壳片古者厚而今者渐薄也”。我们取唐代嵌螺钿漆背镜和明代的螺钿器相比，壳片厚薄的变化十分显著。又由于近年的考古发掘填补了元代薄螺钿的空白，更加证实了杨明的说法是完全正确的。

（三）《髹饰录》为继承传统漆工艺，推陈出新，提供了宝贵材料

《利用第一》讲到原料、工具、设备，虽然文字隐晦，还是能从中获得许多古代漆工知识。《楷法第二》专论忌病，是按漆器的品种或制造过程排列在一起的。杨明的注又进一步解释了每一忌病的原因。这样就使人明白哪一种做法容易发生哪一种毛病，因而更能帮助我们理解漆工做法。最为切实简明的是《质法第十七》，有条不紊地叙述了由棬榡到糙漆六个生产过程。各种漆器不问最后文饰如何，都必须经过这几道工序。这些都是漆工必须掌握的基本知识，也是继承传统应当重视的法则。

《髹饰录》用了更多的篇幅叙述各种漆器的形态和做法，这些材料更为宝贵。我国目前正在生产或尚能生产的漆器究竟有多少种，虽有待作全面的调查才能知道，但近年的工艺展览和报刊画册，也大体上反映了现有品种。我们如果与《髹饰录》对比一下，就会得出传统品种未见制造的为数尚多这样一个结论。这并不是说凡是古代有过的品种今天要无批判地一一继承，但其中确有不少应当恢复继承的好品种，而其工艺技法需要下一番探索工夫才能搞清楚并用到实际生产中去。根据本书的描述进行挖掘试制，若干已经中断或久已失传的品种是可以获得新生的。一旦弄清了传统技法之后，在设计上和制作上加以改进或变革，就可以制造出更能适合今天人民生活需要的新产品来。另一方面，由于《髹饰录》讲到不同品种的相互结合，可以帮助我们掌握漆工的变化规律。使髹饰工艺呈现出新的面貌。即以现代的漆画来说，就是在我国流传已久的描漆、填漆等做法上发展出来的，综合之巧，变化之多，已超过历史上任何一种漆器。但它还需要吸收、融会更多的技法来丰富它的表现力，使它更适合描绘新题材、新内容，能更好地为社会主义服务。《髹饰录》正是在这方面含蕴着大量的、宝贵的漆工材料，等待我们去寻绎、研究和应用。

（四）《髹饰录》为髹饰工艺提出了比较合理的分类

《髹饰录》讲到的漆器品种虽甚繁多，但是阅读起来并不觉得庞杂纷乱，相反地却不难得到一个比较系统的概念。这不能不归功于黄成的分类。本书是按漆器的特征来分门别类的。如“质色”门只收单纯一色不加文饰的漆器，“阳识”门都是用稠漆或漆灰堆成花纹的漆器等等。每门中各个品种的先后排列也体现了一定的逻辑性。这样就使人容易理解漆工的整个体系，可以由纲及目地找到所属的各个品种。仅仅这一比较合理的分类，黄成已为漆工研究者开辟了方便的途径。

（五）《髹饰录》为漆器定名提供了比较可靠的依据

有的博物馆工作者谈到如下的体会，即为古代漆器编目，往往感到定名称有困难。如沿用过去古玩业的旧称，既嫌笼统，不能表明其特点，又不免众说纷纭，莫衷一是。及待查阅了《髹饰录》，就找到了比较可靠的定名依据。当然在博物馆陈列中，向广大观众介绍漆器，不必也不宜机械地搬用《髹饰录》中某些冗长的全称。但适当的简略或变通，也只有在参考、研究了此书的命名之后才能拟定出来。《髹饰录》中许多术语也是值得学习使用的。在领会了其涵义之后，用来描写漆器的形态，叙述制造的过程等，觉得准确明了，有许多便利之处。

《髹饰录》的价值除上述几点之外，它还强调要有严肃认真的工作态度；反对粗制滥造，违反操作规程；反对造假古董，用以牟利欺人。如仿古器，有款可以照摹，但应另加一款，曰“某姓名仿造”。这些严格要求自己，重视质量，实事求是，一丝不苟的科学精神，也是值得我们学习的。

总之，凡是前人通过生产斗争和科学实验而总结撰写的著作，必然是有价值的。《髹饰录》正是在漆工方面成功地做到了这一点。古代著作而能为今人所用，正是此书应当受到重视的原因。

四

《髹饰录》虽然是一部有价值的古籍，也还存在着一些缺点。

最显著的缺点是黄成原文采用了一种比喻方法，甚至影射附会的写法，以致隐晦难懂，尤以“乾集”为甚。每条文字少仅十几字，多也不过二三十字，即使用通俗的语言，如此简短也无法讲清楚。杨明为逐条作注，在一定程度上弥补了上述的缺憾，但仍使人感到不够明了，更说不上详尽。实际上，总结漆工知识，介绍髹饰品种，直接了当地阐述讲解，只会比黄成的写法更容易些，为什么他竟避易就难，弄巧成拙呢？分析起来，有内因也有外因。

《髹饰录》不论是黄成自撰还是经人整理，他想借此来夸耀学识渊博、文笔典雅的意图，我们认为是存在的。因此他开宗明义就郑重其事地指出髹饰之中包含着与天地造化同功、四时五行相通的大道理。在这种主导思想的支配下，与漆工并无直接关系的种种自然物象被当作标题使用，经、史、诸子中的辞句也被引用，这样一来，距离漆工的实质问题却越来越远了。

在外因方面，明代社会严重地存在着重士轻工的风气，许多人只重视读书致仕，看不起劳动生产。一本漆工专著如用通俗的语言写成，会被认为不过是工匠的手册底本，得不到重视。黄成的内因何尝不曾受到外因的影响？

至于黄成本文和杨明注文每条都不长，可能是因为新安、嘉兴都是当时髹漆之乡，许多工具和方法是一般留心工艺的人，尤其是漆工所熟悉的，所以他们认为没有详细描述的必要。到了今天，几百年前使用的方法、工具和原料，有的已经改变，有的已经失传，我们希望从这部书中获得完整详尽的纪录，自然很难得到满足了。

书中讲到漆工史料，有的并不符合事实。如杨明认为施加鎗划花纹的宋、元金银胎漆器是铯金、铯银漆器的起源，显然把时代定得太晚了。这是因为他不具备现在的条件，不可能看到大量的考古发掘成果的缘故。

黄成在《髹饰录》中讲到的漆器品种已经很多，再经杨明的补充就更加完备，但也还有没被提到的[①]。它们之所以未被提到，或许由于明代尚未流行，或许由于杨明所谓的“文质不适者，阴阳失位者，各色不应者，都不载焉”。不过也确实有被遗漏掉的。例如“棬榛”条讲到用各种材料做胎骨，却漏掉了皮胎。其实春秋战国时已用皮革上漆做甲和盾，此后各代都用革来做马鞍、箱、匣、盘、盒等多种漆器的胎骨。又如黑漆地通身嵌螺钿屑，明代有这种做法的实物。倘依由简而繁、先质后文的次序，在“螺钿”条中应该较早讲到，而黄、杨两位都未将它作为一个独自存在的品种。

当然《髹饰录》即使有所遗漏也不能算是什么缺点，只是顺便指出《髹饰录》并没有也不可能把漆器制法完全囊括无遗。

五

为了研究我国髹漆工艺在历史上的辉煌成就，为了使这门工艺美术能更加发展，推陈出新地为社会主义服务，有必要持分析批判的态度对《髹饰录》进行研究；而设法读懂它、明了它，为它再作一番注解又是这项研究工作的第一步。这就是编写《髹饰录解说》的动机和目的。

《髹饰录》是承朱启钤先生的面授才知道有这样一本书的，解说的编写也得自他的启示。初稿始于1949年冬，时作时辍，到1958年秋才写成。当时编写的方法和采用的材料大体上是这样的：

（一）将黄成原文及杨明注中的名词、术语编成索引，以便通过相互参校、综合诠释来探索其意义。

（二）观察实物，取与《髹饰录》相印证。传世漆器多数是故宫博物院的藏品。出土漆器未能见到实物的，以发掘报告或简报为据。

（三）向老漆工艺人请教髹饰技法及有关工具、原料的知识。在这方面多宝臣[②]先生给我的帮助最大。他热情地向我讲授几十年的实践经验并亲手操作示范。

（四）在征引文献中，古代史料多取自类书、笔记、杂著等及朱启钤先生撰辑的《漆书》；现代漆工技法专著有与传统技法相通的也酌量录引。

初稿为了征求意见，提供审阅，曾付油印，承朱启钤先生为撰写《序言》并题书签。

初稿油印后到现在，又经1965年和1977年两次补充修改。主要是后一次，除根据收集到的意见作了某些修订外，把近年重要的考古发现补充了进去，引证实物增添或更换了约八十例，并收进了一些能够看到的近年国外材料。对若干漆器品种及其装饰风格的继承问题，也试提出个人看法，供漆器生产者参考。

编写《髹饰录解说》前后虽已经历了三十年，但由于见闻不广，所见

实物有限，考古发掘材料，间接引用居多，难免有错误。国内几个漆器制造中心，除福州、扬州外尚待调查访问，自己又不是漆工，缺少实际经验，对技法的理解，难免有误。中外文献，未经寓目的尚多。更重要的是受思想水平的限制，对这样一项需要运用辩证唯物主义和历史唯物主义观点才能做好的文化遗产整理工作，感到难以胜任。因此《髹饰录解说》必然存在着缺点和错误。不过任何事物都是不断提高、不断前进的。《解说》有幸正式出版，望能得到更多的批评和帮助。本人愿意把这次付印看作今后修改补充的一个新的起点。

最后谨向对《解说》工作给予过鼓励、协助的单位和同志致衷心的感谢。

王世襄

1979 年 5 月

* *

《髹饰录解说》于 1958 年油印刊行后，经过两次修改补充，至 1983 年始正式出版。迄今又过了十五年，自然有不少应当补入的材料。遗憾的是自 1995 年我左目失明，已不可能把这些年的有关书刊查阅一遍；出外采访调查，更感困难。因此再一次的补充已力不从心，而只能为再版增加以下内容：

一、彩图四十一幅。弥补了初版本有彩图而被删去的缺憾。

二、何豪亮教授对《解说》的批注九十七条。为便于检阅，另增凡例一条。详见批注说明。

三、附文。包括拙文三篇及李一氓前辈、朱家溍兄的书评两篇。

王世襄

时年八十有四

注：①曾见实物而未经《髹饰录》提到的漆器品种有：1. 漆地上洒金片或银片，上面不再罩透明漆（见92）。2. 在立体圆雕或透雕的木胎漆器上作彩绘的描漆花纹，实物如江陵望山一号墓出土的战国小座屏（见95）。3. 黑漆地通身洒嵌螺钿屑（见103）。4. 黑漆地嵌镂花骨片（见103）。5. 黑漆地嵌镂花铜片花纹（见105）。6. 像刻竹似的在漆器上作阴文花纹或文字（见78、79）。7. 刻竹为胎并在上面堆粘用胶粉挤出的阳文花纹，通体再上漆（见125）。8. 在用漆刷旋转刷成的仿犀皮地上做铊金的针划花纹（见160）。9. 以皮革作胎的漆器（见176）。10. 做法如篾胎，但不用竹丝而用铜丝，器物以箱、盒为多（见176）。11. 用彩漆模仿古铜器，身上布满斑驳的锈色（见186）。

②多善，字宝臣，蒙古族，1888年生于北京。年十八从妻叔刘永恒学彩画及漆工。刘擅长彩漆描金，清末承应营造司定制的宴桌、箱、匣等器物，多宝臣得其传授。约1920年以后，多宝臣常为东华门明古斋雕漆局及灯市口松古斋古玩铺做彩漆、雕填等仿古漆器。1953年多宝臣在故宫博物院修复工厂任技术员，1961年退休，1965年病故。

朱启钤《髹饰录解说》序

《髹饰录》者，明黄大成所撰之漆工专著也。此书在日本之传抄经过及民国丁卯锓板原委，予之弁言，已有论及。当时只印二百部，以其半分贻友好，半寄日本之藏原书者，藉为酬谢。是时《营造法式》亦甫刊成，两书木板，并庋文楷斋。不意《法式》板权，旋经陶兰泉先生转让上海商务印书馆，木板南运，装箱仓促，《髹饰录》未及拣出，遂随之捆载而去。“一·二八”事起，涵芬楼惨罹日寇轰炸，两书木板，同付劫灰。阚君霍初，方客大连，复取丁卯刊本，缩印若干部。为数既无多，又大抵流入日本书肆，予竟未能获见。数载之间，《髹饰录》虽两度刊行，但世乱亟而印本少，欲求初刻或缩本，久已渺不可得。哲匠名篇，传而未广，中心悻悻，不能已也。

1949年秋，王畅安世兄游美归来，备道海外博物馆对吾国髹漆之重视。予即出示《髹饰录》并以纂写解说之事相勖，以为欲精研漆史，详核髹工，舍此无由，而将来解说与本文同刊，化身千百，使书易得而义可通，其有功漆术，嘉惠艺林，岂鲜浅哉！

畅安韪吾言而行之笃，数年来或携实物图片，就予剖难析疑。或趋匠师，求教操作之法，口询笔记，目注手追，必穷其奥窔而后已。或寻绎古籍，下逮近年中外学者之述作。如予所辑《漆书》，不过獭祭杂钞，亦不鄙弃，特为校订付印。盖其无时不为解说蓄集资料，致力于此业深矣。

解说之稿，前已两易，予每以为可，而畅安意有未惬。顷读其最近缮本，体例规模，烂然愈备。逐条疏证，内容翔实而文字浅易。引证实物，上起战国，下迄当代，多至百数十器。质色以下十四门，为详列表系，可一览而无遗。更编索引，附之篇末。予之弁言，不亦云乎：“今高丽乐浪出土汉器，其中铜扣、铜辟、铜耳诸制，即为黄氏所未经见，而未载之斯录者。又清宫秘藏历代古器，近亦陈列纵览，均可实证古法，辅翼图模，足资仿效，他日裒集古今本器，模印绘图，附列取证，即填嵌、描饰、鎗划、编斓等等名色，亦拟依类搜求，按图作谱，其与墨法可通者，并取诸家墨谱，附丽斯篇，以为佐验。”是予曩所虑及者，畅安已悉为之，曩所未虑及者，今畅安亦为之。不期垂朽之年，终获目睹其成。卅年夙愿，此日得偿。平生快事，孰胜于斯？

《髹饰录》解说之作，予主之最力，望之亦最切，而其中甘苦，予知之复最审。然则叙述此书缘起，舍予又将其谁？此所以不辞昏眊，不惮溽暑，力疾而为之序也。

1958年7月紫江朱启钤识

时年八十有七

朱启钤丁卯刻本《髹饰录》弁言

新安黄大成，为明隆庆间名匠。《格古要论》及《清秘藏》，称其剔红匹敌果园厂，而花果人物，刀法以圆活清朗著称。杨清仲《髹饰录》序许为一时名匠，精明古今髹法，殆无愧色。然国史方志于黄氏之艺事文学，阙焉不采。求如洪髹等之挂名于《嘉兴府志》，亦不可得。载笔之徒，浅视艺术，甄录不广。遂使绝学就湮，奇书失野，可慨也。

书契之用，漆墨代兴。唐宋之际，易水李氏，迁徙新安，治墨数世，遂为墨法南行之钤键。世人但知廷珪制墨，因材于黄山之松，不知新安产漆亦极丰饶。沈珪继起，烧烟和墨，取用益繁，而雕样琢坯、划理识文，以及漱金、嵌珠、填彩、揩光，无一不与髹工相表里。即附丽于墨之文玩，如墨匣、墨床、沙砚、笔管、笔阁、水丞、砚山之属，或髹、或雕、或刷丝、或错彩、或施金。凡世守之工，新安人无不擅之。然则名为墨工，毋宁名为漆工之为愈也。

北宋名匠，多在定州，如刻丝、如瓷、如髹，靡不精绝。靖康以后，群工南渡，嘉兴髹工，遂有取代定器之势。降逮元明，如彭君宝、张成及子德刚，杨茂、杨埙父及埙等，皆为西塘杨汇人，而张德刚应明成祖面试，官营缮司所副。其时官局果园厂复兴剔红，德刚供奉其间，是为南匠北来之证。至天顺间，西塘又有杨埙父子，习髹于日本，遂以“杨倭漆”著名。清仲生于西塘，丁有明之晚季，本其高曾之规矩，乡里所睹，记于黄氏之书，逐条加注，不啻左氏之传《春秋》。

畸人夙慧，余事多能，心手调和，遂成绝诣。然非鄙为小技，语焉弗详；即或讳莫如深，秘为独得。每谓《辍耕录》所载黑光、朱红、鳗水及铨金银诸法，出自朱遵度《漆经》。今朱书已佚，赖此得窥一斑，已为厚幸。平沙、西塘两氏，推本师承，发挥意匠，循名辨物，体用兼赅，盖训故精详，义例朗彻，固已奄有经生良史之长，而考工术语，学士大夫，转不能笔削一字。

黄书之论刀法，于剔红则谓："唐制多印板刻平锦朱色，雕法古拙可赏，复有陷地黄锦者。宋元之制，藏锋清楚，隐起圆滑，纤细精致。"于剔犀则谓："复或三色更叠，其文皆疏刻剑环、绦环、重圈、回文、云钩之类，纯朱者不好。"于铨金、铨银则谓："细钩纤皴，运刀要流畅而忌结节。"以上云云，于尚古精意，阐发无遗。按之《清秘藏》《格古要论》诸书所纪，黄氏刀法匹敌果园，信非虚誉。杨氏注中如"要文饰全不异本器，则须印模后熟视而施色。如雕镂识款，则蜡墨干打之，依纸背而印模，俱不失毫厘"诸语，于引伸黄说，薪尽火传之意，指示可谓详明。近世作家，去古益远，于果园尚不经见，遑论唐宋？盖研求刀法，非亲见本器不为功。图谱已苦隔膜，况图谱不传，仅就文字以求刀法乎？今高丽乐浪出土汉器，其中铜扣、铜辟、铜耳诸制，即为黄氏所未经见，而未载之斯录者。又清宫秘藏历代古器，近亦陈列纵览，均可实证古法，辅翼图模，足资仿效。他日裒集古今本器，模印绘图，附列取证，即填嵌、描饰、创划、犏斓等等名色，亦拟依类搜求，按图作谱。其与墨法可通者，并取诸家墨谱，附丽斯篇，以为佐验。

墨髹朱里，导源虞夏。日本至今，尚供日用。彼中治漆，悉依我法，墨守精进，通国风行。据《辍耕录》诸书所纪，知元代民间日用漆器，多于近世。数千年特产名工，日就阒塞，横览东邻，瞠乎其后。即此名著，硕果仅存。日儒抱残守阙，奉为楷模。大村西崖氏珍如枕秘，赞美不置。逡书求索，幸得寓目。惜展转传钞，讹夺过甚。赖有寿碌堂主人，博引群书，加以疏证，推绎数四，方得卒读。顷者斠校既竟，先复录注旧观，即付剞氏。杀青甫就，又闻大村氏遽归道山，未共欣赏，戚然久之。摘录大村氏原函，以志来历。更属阚君铎，就寿碌堂主人笺注各条，引申厘订，别为《笺证》，附刻录后，以谂读者。

丁卯二月紫江朱启钤识

节录大村西崖氏述流传及体例原函

《髹饰录》一书，初木村孔恭（字世肃，堂号蒹葭，以博识多藏闻于世。享和九年，即清嘉庆二年卒），藏钞本一部。文化元年（嘉庆九年）昌平坂学问所（德川幕府所置儒教大学）购得之。维新之时，入浅草文库，后转归帝室博物馆藏，并有印识可征。我美术学校帝国图书馆及尔余两三家所藏本，皆出于蒹葭堂本，未曾有板本及别本。但转写之际，往往生异同而已。眉批及夹注，并寿碌堂主人所笔，如（一）、（二）、○、△、增、案等皆是。寿碌堂主人为何许人，遍加探索，迄未能详，意者昌平坂学问所之一笃学者欤？至黄氏正文与杨注之区别，例如："天运，即旋床。有余不足，损之补之"是正文。"其状"云云以下双行是杨注。"坤集"大字，悉是正文，双行亦是杨注。请准此以校理。异日得见尊刊印本，何快如之？

阚铎丁卯刻本《髹饰录》跋

右《髹饰录》二卷，明黄成著，杨明注。日本享和年间，当我国乾、嘉之际，木村孔恭氏兼葭堂藏钞本一部。嗣是辗转传钞，而原钞本入昌平坂学问所及浅草文库，最后乃归帝室博物馆。其现在帝国图书馆及美术学校所藏钞本，皆自兼葭堂本钞出者也。此本寿碌堂主人眉批夹注，灿然满目，于正文有所增益，亦极精审。引证群籍，颇为繁博，偶有寻章摘句之嫌，而为学之笃，诚不可及。惜姓字不传，末由景仰。甲子、乙丑间，紫江朱公桂辛，于校刊宋李明仲《营造法式》之暇，命铎搜辑古今治髹漆之书，理董以成《漆书》。求朱遵度《漆经》，苦不可得。适读日儒大村西崖氏《支那美术史》，极道此书之美。亟移书索之，历数月始以此本邮寄。朱公又与西崖商榷体例，亲加雠校。先以正文付梓，以复明本之旧。以原钞本付铎装订，谨受而识其缘起如右。

中华民国十五年八月合肥阚铎

卷中引书皆细校一过，似此本亦非寿碌原本，殆亦从兼葭堂本中录出者。又记。

参考文献

王世襄编著:《髹饰录解说》,生活·读书·新知三联书店,2013年。

王世襄编著:《中国古代漆器》,生活·读书·新知三联书店,2013年。

李芝卿、周怀松、林荫煊合编:《建漆髹饰集要》,福州工艺美术专科学校漆艺教材,1962年。

冯健亲主编:《中国现代漆画文献论编》,江苏凤凰美术出版社,2016年。

周怀松编著:《福州脱胎漆器髹饰集要》,福州市漆器研究所编印,1983年。

(日)松田权六著,周怀松译注:《漆论》,福州市第一脱胎漆器厂、第二脱胎漆器厂编印,1980年。

(日)柳桥真著,周怀松译注:《日本漆器与产地》,福州市第一脱胎漆器厂、第二脱胎漆器厂编印,1981年。

高炳莊著:《福州漆器与福州漆画》(内部出版),2001年。

林荫煊主编《闽台工艺美术家采风》,福建人民出版社,1996年。

沈福文编著:《中国漆艺美术史》,人民美术出版社,1992年。

何豪亮、陶世智著:《漆艺髹饰学》,福建美术出版社,1990年。

曾意丹、徐鹤苹著:《福州世家》,福建人民出版社,2001年。

范和钧著:《中华漆饰艺术》,人民美术出版社,1987年。

朱仲岳著:《漆器》,上海古籍出版社,1995年。

赵汝珍编述:《古玩指南全编》,北京出版社,1992年。

邓之诚著:《骨董琐记全编》,北京出版社,1996年。

李时珍著,俞炽阳等译:《本草纲目》,重庆大学出版社,1994年。

傅举有著:《七千年的光辉历程——中国古代漆器工艺概论》,摘自《中国漆器精华》,福建美术出版社,2003年。

《福建工艺美术》(期刊),福建工艺美术研究所出版,1979年至1987年合订本。

《脱胎漆器》（画册），福建人民出版社，1982 年。

王世襄、朱家溍主编：《中国美术全集·漆器》，文物出版社，1989 年。

黄迪杞、戴光品编纂：《中国漆器精华》，福建美术出版社，2003 年。

张怀林著：《海外珍藏中华瑰宝：青铜器 漆器 古玩杂项》，北京工艺美术出版社，2012 年。

邱春林著：《锥画漆艺》，《中华文化画报》2010 年第 4 期。

何振纪著：《髹饰录新诠》，中国美术学院出版社，2017 年。

孙曼亭编著：《福州脱胎漆器与漆画》，海峡文艺出版社，2012 年。

后　记

历经二载寒暑，废寝忘食，三易其稿，遂成《〈髹饰录〉工艺解读》。本书有幸出版，特别感谢南京艺术学院原院长冯健亲教授作序；感谢福建师范大学王子宽教授认真审阅本书；感谢摄影师陈伟凯先生；感谢福建人民出版社为本书出版提供科学建议。

我一生与漆为伍，苦乐皆在其中。今不揣浅陋，试解《髹饰录》之工艺。一向《髹饰录》注释者致敬，二冀填补《髹饰录》与福州脱胎漆器工艺之勾连。它如从我心里流出来的一涓细流，希望能流向一些漆艺者或爱好者的心田，如有所助益，则幸甚。

孙曼亭

2019 年 12 月 20 日